食品安全
快速检测技术
应用解析

刘海静 李 涛 主编

清华大学出版社
北 京

图书在版编目（CIP）数据

食品安全快速检测技术应用解析 / 刘海静，李涛主编. — 北京：清华大学出版社，2022.7
ISBN 978-7-302-61079-3

Ⅰ.①食…　Ⅱ.①刘…　②李…　Ⅲ.①食品安全—食品检验　Ⅳ.①TS207.3

中国版本图书馆CIP数据核字（2022）第098183号

责任编辑：周婷婷
封面设计：何凤霞
责任校对：李建庄
责任印制：曹婉颖

出版发行：清华大学出版社
　　　网　　　址：http：//www.tup.com.cn, http：//www.wqbook.com
　　　地　　　址：北京清华大学学研大厦A座　　　邮　　　编：100084
　　　社　总　机：010-83470000　　　邮　　　购：010-62786544
　　　投稿与读者服务：010-62776969, c-service@tup.tsinghua.edu.cn
　　　质量反馈：010-62772015, zhiliang@tup.tsinghua.edu.cn
印　装　者：三河市铭诚印务有限公司
经　　　销：全国新华书店
开　　　本：185mm×260mm　　印　张：12.5　　插　页：2　　字　数：286千字
版　　　次：2022年7月第1版　　印　次：2022年7月第1次印刷
定　　　价：128.00元

产品编号：089438-01

编者名单

主　编　刘海静　李　涛

副主编　林　芳　宋　莉　郭建博

编　者（按姓氏拼音排序）

崔亚宁　郭建博　贾建忠　贾丽华

李　涛　林　芳　刘　开　刘海静

吕　欧　吕　卓　牟　霄　裴小龙

史朝烨　宋　莉　王　豆　王　松

王建山　王一欣　温　艳　邢全鑫

杨若朦　袁　磊　赵俊楠　赵珊珊

目　录

第1章
食品快速检测法律法规汇总及简析

食品快速检测是食品安全日常监管、食用农产品及食品原料质量管控、重大活动卫生保障、突发公共卫生事件应急检验的重要手段，可有效前移风险预警关口、大幅降低检测成本、提高监管效率、震慑违法行为。国家相关食品监管部门、各级地方政府为高效履行食品安全监管职能，充分发挥食品快速检测的监管效能，制定了食品快速检测相关的法律法规、标准等文件，推动了食品快速检测的发展和应用。

第1节　食品快速检测的主要法律规范

涉及食品快速检测的主要法律法规有《中华人民共和国食品安全法》《中华人民共和国农产品质量安全法》《食用农产品市场销售质量安全监督管理办法》等。

一、《中华人民共和国食品安全法》

2015年4月24日第十二届全国人民代表大会常务委员会第十四次会议修订《中华人民共和国食品安全法》明确了食品快速检测的法律地位，为食品快速检测的发展奠定了基础。2021年4月29日第十三届全国人民代表大会常务委员会第二十八次会议对《中华人民共和国食品安全法》进行了第二次修正。其中，涉及食品快速检测内容的有第八十八条第二段和第一百一十二条。

第八十八条（部分）

采用国家规定的快速检测方法对食用农产品进行抽查检测，被抽查人对检测结果有异议的，可以自收到检测结果时起四小时内申请复检。复检不得采用快速检测方法。

解读：食品安全检测的技术和方法是保障食品安全的重要技术支撑。现阶段，我国农业生产仍以小农户分散经营为主，食品生产主体90%以上都是小微企业，大型分析仪器难以满足田间地头、生产基地、超市、批发市场、进出口口岸的快速检测要求，因此，发展低成本、便携的快速检测技术和方法在我国具有特殊意义。

"食品安全快速检测"是一个约定俗成的概念，意指具有快速、简便、灵敏等特点，能够在短时间内制备样品并出具食品安全初步筛查结果的检测手段。所谓快速检测方法，首要目的是能缩短检测时间，以及在样品制备、实验准备、操作过程和自动化上采用简化的方法，表现为：使用较少的试剂，简化实验准备过程；使用高效快速的样品处理方式，样品经简单处理后即可测试；使用简单、快速和准确的分析方法，能对处理好的样品在很短时间内测试出结果。从广义上讲，能将原有检测时间缩短的方法都可以称为"快速检测方法"，但从严格意义上讲，快速检测方法与常规方法相比，应具有明显的简洁性、经济性与便携性。当前比较常用的食品安全快速检测方法主要有快速检验纸片法、免疫学技术、分子生物学检测方法等。

需要注意的是，本条规定的食品安全"快速检测方法"必须是国家规定的快速检测方法，以保障食品安全监督执法中快速检测工作的科学性与公正性。例如，依据2011年6月30日原国家食品药品监督管理局印发的《餐饮服务食品安全快速检测方法认定管理办法》，认定餐饮服务食品安全快速检测方法应当遵循一定程序，采取审评专家主审负责制进行技术审评，坚持科学严谨、公开透明和公正高效的原则。2015版的《中华人民共和国食品安全法》，按照国家调整食品安全监管体制的要求，将食用农产品的市场销售列入食品安全法的调整范围。因此，食品安全监督管理部门可以采用国家规定的快速检测方法对进入市场销售的食用农产品进行快速检测。被抽查的食用农产品销售者对监管部门或者其委托的检测机构采用快速检测方法进行检测的结果有异议的，可以自收到检测结果时起四小时内向实施抽查的监管部门或者其上级监管部门申请复检。

第一百一十二条 县级以上人民政府食品安全监督管理部门在食品安全监督管理工作中可以采用国家规定的快速检测方法对食品进行抽查检测。

对抽查检测结果表明可能不符合食品安全标准的食品，应当依照本法第八十七条的规定进行检验。抽查检测结果确定有关食品不符合食品安全标准的，可以作为行政处罚的依据。

解读：本条是关于快速检测的规定，是《中华人民共和国食品安全法》2015版以后新增加的规定。主要目的是适应我国食品安全监管需要，规范快速检测行为，明确快速检测的法律效力。

快速检测方法虽然能够简单快捷地得出是否符合食品安全标准的结论，但并不能保证绝对准确。采用快速检测方法进行抽检有两种可能性：一是结果确定的，应当可以作为行政处罚的依据；二是结果不够确定的，出于风险预防原则可以暂时采取扣押等行政强制措施，但不能作为行政处罚的依据。随着快速检测技术和方法的发展，快速检测方法得出的抽查检测结果越来越准确，尤其是在定性方面能够得出确定结果的，如果不承认其法律效力就会造成检验检测资源的浪费和执法效率的降低。因此本法规定，对抽查检测结果表明可能不符合食品安全标准的食品，因为结果不够确定，不能作为行政处罚的依据，应当依照本法第八十七条的规定进行检验。对于抽查检测结果确定有关食品不符合食品安全标准的，可以作为行政处罚的依据。如被抽查人对抽查检测结果有异议，应当视为"对依照本法规定实施的检验结论有异议"，依照本法第八十八条的规定申请复检。对于快速检测方法得出的检测结果能够确定不符合食品安全标准的，直接申请复检，减少了一个检验环节，有利于节约执法成本。需要注意，食品生产经营者应当自收到检验结论之日起七个工作日内向实施抽样检验的食品安全监督管理部门或者其上一级食品安全监督管理部门提出复检申请。但是对于食用农产品，考虑食用农产品许多属于鲜活易腐产品，存在运输保管难、储存难的问题，对食用农产品的快速抽查检测结果有异议的，应当自收到检测结果时起四小时内申请复检。

二、《中华人民共和国农产品质量安全法》

2006年4月29日第十届全国人民代表大会常务委员会第二十一次会议通过《中华人民共和国农产品质量安全法》，其中第三十六条明确提出了可以采用认定的快速检测方法进行农产品质量安全监督抽查检测。2021年9月1日，国务院常务会议通过《中华人民共和国农产品质量安全法（修订草案）》，本法第四十八条明确提出快速检测方法检测结果可以作为行政处罚的依据。

《中华人民共和国农产品质量安全法》第三十六条（部分）

采用国务院农业行政主管部门会同有关部门认定的快速检测方法进行农产品质量安全监督抽查检测，被抽查人对检测结果有异议的，可以自收到检测结果时起四小时内申请复检。复检不得采用快速检测方法。

解读：监督抽查采用的快速检测方法的认定，由于农产品大多数是鲜活的，样品不宜长时间保存，因此，在对农产品质量安全实施监督抽查时，利用快速检测方法进行样品的快速筛查可有效解决样品运输保管难、储存难的问题；同时还可以及时得到检测结果，降低检测费用。为保证快速检测方法的统一、可靠和权威，本法规定，监督抽查采用的快速检测方法必须是经过原农业部会同有关部门认定后发布的方法。未经原农业部认定的快速检测方法，不得用于农产品质量安全监督抽查的检测。

对快速检测方法所得结果有异议的处理：被抽查人对检测结果有异议的，可以自收到检测结果时起四小时内申请复检。复检申请时限较短，是因为农产品鲜活和极易变质的特点。由于快速检测方法大都是定性或半定量检测方法，结果准确度稍差，因此，检测机构在进行复检时不得采用快速检测方法，而应当采用规定的确证或仲裁检测方法，进行准确定量检测。

《中华人民共和国农产品质量安全法（修订草案）》第四十八条

县级以上地方人民政府农业农村主管部门可以采用国务院农业农村主管部门会同国务院市场监督管理等有关部门认定的快速检测方法，开展农产品质量安全监督抽查检测。抽查检测结果确定有关农产品不符合农产品质量安全标准的，可以作为行政处罚的依据。

解读：本条中"县级以上地方人民政府农业农村主管部门可以采用国务院农业农村主管部门会同国务院市场监督管理等有关部门认定的快速检测方法，开展农产品质量安全监督抽查检测。"与新版《中华人民共和国食品安全法》第一百一十二条中"县级以上人民政府食品安全监督管理部门在食品安全监督管理工作中可以采用国家规定的快速检测方法对食品进行抽查检测。"的内容相衔接。本条中"抽查检测结果确定有关农产品不符合农产品质量安全标准的，可以作为行政处罚的依据。"与新版《中华人民共和国食品安全法》第一百一十二条中"对抽查检测结果表明可能不符合食品安全标准的食品，应当依照本法第八十七条的规定进行检验。抽查检测结果确定有关食品不符合食品安全标准的，可以作为行政处罚的依据。"的内容相衔接。

本部分充分体现了《中华人民共和国农产品质量安全法（修订草案）》在快速检测方法的应用与法律地位的确立方面与新版《中华人民共和国食品安全法》紧密衔接，保持一致。修订草案本条内容避免快速检测方法应用领域监管空白，按照"从农田到餐桌"全程监管的思路，保证法律的系统性和完整性。

三、《食用农产品市场销售质量安全监督管理办法》

为加强食用农产品监督管理，规范食用农产品市场销售行为，保障食用农产品质量安全，原国家食品药品监督管理总局制定了《食用农产品市场销售质量安全监督管理办法》，经2015年12月原国家食品药品监督管理总局局务会议审议通过。2016年1月原国家食品药品监督管理总局令第20号公布，2016年3月1日起施行。该办法中第十二条（部分）和第十九条规定食用农产品市场销售中开展快速检测范围和条件。

第十二条（部分）

销售者无法提供食用农产品产地证明或者购货凭证、合格证明文件的，集中交易市场开办者应当进行抽样检验或者快速检测；抽样检验或者快速检测合格的，方可进入市场销售。

第十九条　批发市场开办者应当配备检验设备和检验人员，或者委托具有资质的食品检验机构，开展食用农产品抽样检验或者快速检测，并根据食用农产品种类和风险等级确定抽样检验或者快速检测频次。

鼓励零售市场开办者配备检验设备和检验人员，或者委托具有资质的食品检验机构，开展食用农产品抽样检验或者快速检测。

解读：上述两条明确提出食用农产品批发市场开办者除了履行集中交易市场开办者的一般义务外，还要履行对进场销售的食用农产品进行抽样检验或者快速检测的义务。

在市、县级食品药品监督管理部门履行监督抽检的职责和加强食用农产品监督检查的措施方面明确规定：市、县级食品药品监督管理部门可以采用国家规定的快速检测方法对食用农产品质量安全进行抽查检测，抽查检测结果表明食用农产品可能存在质量安全隐患的，销售者应当暂停销售；抽查检测结果确定食用农产品不符合食品安全标准的，可以作为行政处罚的依据。

为加强对食用农产品批发市场及入场销售者全面履行法定义务的监管，提升食用农产品市场销售环节源头管理水平，推动各地加强食用农产品市场销售质量安全的监督管理，原国家食品药品监督管理总局于2016年6月13日发布了《食用农产品批发市场落实〈食用农产品市场销售质量安全监督管理办法〉推进方案》，该方案的标准要求中提出批发市场开办者要配备检验设备和检验人员，或者委托具有资质的食品检验机构，开展食用农产品抽样检验或者快速检测。同年，江西、浙江、甘肃、陕西、新疆、青海等省（自治区）相继公布了本省（自治区）食用农产品批发市场落实《食用农产品市场销售质量安全监督管理办法》推进方案。

第2节　食品快速检测相关规范

　　国家市场监督管理总局和原国家食品药品监督管理总局为推动快速检测方法的建立和快速检测技术的应用做出了不懈努力，发布了《总局关于食品快速检测方法使用管理的意见》《食品快速检测产品评价程序（征求意见稿）》《食品快速检测结果验证规范（征求意见稿）》等，征集并发布了多项食品快速检测方法。近5年来，陆续发布的食品快速检测管理和应用的相关文件、食品快速检测方法，组织的快速检测产品评价和结果验证工作已经开始发挥积极作用，使食品快速检测在越来越多的基层食品监管工作中应用。

一、食品快速检测管理类规范

1.《关于规范食品快速检测方法使用管理的意见》

　　新版《中华人民共和国食品安全法》颁布以后，为规范食品快速检测方法的使用管理，原国家食品药品监督管理总局于2017年6月2日发布了《关于规范食品快速检测方法使用管理的意见》。

　　本意见对食品快速检测方法使用做出了以下规定：①明确了食品快速检测的定义，限定食品快速检测属于快速定性检测。②明确了食品快速检测的适用检测对象，包括需要短时间内显示结果禁限用农兽药、禁用药物、非法添加物质、生物毒素等，检测主要针对食用农产品、散装食品、餐饮食品、现场制售食品。③明确了食品快速检测的适用范围，在日常监管、专项整治、活动保障等的现场检查工作中可使用快速检测方法进行抽查检测。对监管人员的使用操作提出严格要求，包括严格按照快速检测方法使用要求规范操作，详细记录检测食品品种和名称、数量、检测项目、检测日期、检测方法、检测人员姓名、检测结果，以及所使用的快速检测产品生产企业、产品型号批号等信息。④明确了快速检测结果的处置方式。食用农产品快速检测呈阳性结果的，经营者应暂停销售相关产品，监管部门应当及时跟进监督检查和抽样检验。对快速检测结果无异议的，监管部门应依法处置；对快速检测结果有异议的，经营者可申请复检。⑤要求各省（区、市）食品监管部门对正在使用和拟采购的快速检测产品进行评价。⑥食品快速检测不能代替常规实验室食品检验，不能用于食品安全监管工作中部署的食品抽样检验。⑦各省（区、市）食品监管部门采用评价通过的快速检测方法，用于食品安全监管中的初步筛查。

2.《关于规范食品快速检测使用的意见（征求意见稿）》

　　为规范食品快速检测使用，国家市场监督管理总局于2021年发布了《关于规范食品快速检测使用的意见（征求意见稿）》。

　　《关于规范食品快速检测使用的意见（征求意见稿）》文末还包括4个附件，附件1：

食品快速检测操作指南（征求意见稿）；附件2：食品快速检测信息公布要求（征求意见稿）；附件3：食品快速检测产品评价程序（征求意见稿）；附件4：食品快速检测结果验证规范（征求意见稿）。

3. 其他地方性快速检测管理规范

随着国家市场监督管理总局快速检测使用及管理规范的出台，江苏、广西、南京等多个省、自治区、直辖市也制定了快速检测管理的相关地方标准。

江苏省2021年发布并实施的地方标准《食品快速检测工作规范》（DB32/T 4010—2021）规定了食品快速检测的术语和定义、基本要求、检测项目和方法、抽样和检测、结果报告、异议处理和质量控制。适用于江苏省内市场监督管理部门开展食品快速检测的活动，其他单位或部门开展食品快速检测可参照执行。

广西壮族自治区2021年发布并实施的地方标准《边境口岸食品安全快速检测管理规范》（DB45/T 2370—2021）规定了边境口岸食品安全快速检测的术语和定义、要求、检测室布局和设备、抽样和检验及管理。适用于广西境内边域口岸食品安全快速检测的建设与管理。

南京市2021年发布并实施的地方标准《农产品批发市场快速检测工作规范》（DB 3201/T 1051—2021）规定了农产品批发市场快速检测的检测项目及方法、抽样方法、检测设备、检测人员、检测过程、结果处置和结果公示，适用于南京市内农产品批发市场中食用农产品快速检测工作的管理。其他食品快速检测工作可参照本文件。

二、其他食品快速检测相关规范

1. 实验室建设规范

食品快速检测在实施过程中主要包括两种形式：①利用快速检测箱、快速检测车进行的现场快速检测；②基于固定实验室的快速检测。近年来，江苏、北京、吉林、江西等多省市积极探索推进标准化的快速检测实验室建设或快速检测车的装备建设，形成的多项地方标准均已发布。

江苏省2015年发布实施的地方标准《水产品药物残留快速检测实验室建设与管理规范》（DB32/T 2786—2015），从组织、编号与挂牌、设施与环境、管理体系与制度、仪器设备与器具、人员、培训、文件、记录与档案、绩效与考核等方面规定了水产品药物残留快速检测实验室的建设与管理技术要求。适用于其省内开展水产品药物残留快速检测工作机构的建设与管理。

北京市2017年发布2018年实施的地方标准《农产品质量安全快速检测实验室基本要求》（DB11/T 1467—2017）规定了建设原则、检测能力、功能分区、实验室环境等建设要求；仪器设备配备原则和配备要求；人员能力和工作开展等基本要求。适用于北京地区乡镇级农产品质量安全管理站的快速检测实验室的建设。

深圳市2020年发布实施的地方标准《食品快速检测实验室通用要求》（DB4403/T 95—2020）、《食品快速检测车通用要求》（DB4403/T 94—2020），规定了食品（含食用农产品）快速检测实验室、快速检测车的结构与设计等基本要求、管理要求和运营要求。上述标准适用于深圳市内可进行食品中化学物质（包括农兽药残留、食品添加剂、非法添加物质、重金属、真菌毒素等）和理化指标快速检测的快速检测室、快速检测车的通用要求。

江西省 2020 年发布并于 2021 年起实施的地方标准《食品快速检测实验室建设通用技术规范》（DB36/T 1336—2020），规定了食品（含食用农产品）快速检测实验室建设的一般要求、人员要求、设备设施和质量控制等基本要求，适用于辖区内食品快速检测实验室的建设。同时，根据不同的建设目的推荐了食品快速检测项目，包括食品安全监管部门和食品安全快速检测室推荐的食品快速检测项目，农贸市场和商超推荐的食品快速检测项目，学校、企业事业单位食堂和餐饮单位推荐的食品快速检测项目。

吉林省 2021 年发布实施的地方标准《农产品批发市场快速检测室建设规范》（DB 22/T 3278—2021）、《农产品批发市场快速检测室验收规范》（DB22/T 3279—2021），规定了农产品批发市场快速检测室的建设和验收规范，包括人员、平面布局、供暖通风与空气调节、建筑电气、快速检测室装饰装修、污废水处理、检测管理、安全措施、信息反馈及公示等要求。适用于吉林省内农产品批发市场快速检测室建设与管理和快速检测室的设计与建设验收。

重庆市 2021 年发布实施的地方标准《食品快速检测实验室技术规范》（DB50/T 1127—2021），规定了食品（含食用农产品）快速检测实验室的建设原则，包括管理体系、管理制度、档案管理等管理要求，仪器设备、试剂耗材、人员、环境、采样及制样、检测、结果及记录、异常样品处理、质量控制等技术要求。适用于重庆辖区内食品（含食用农产品）批发市场、零售市场等市场开办者的自建食品快速检测实验室和市场监管部门设立的食品快速检测实验室。其他环节、场所、部门的食品快速检测实验室建设可参照执行。

2. 食品快速检测方法标准

食品快速检测方法标准主要由食品安全监管部门、农业部门、粮食部门组织制定并实施。2017 年至今，国家市场监督管理总局和原国家食品药品监督管理总局陆续组织制定了 30 项食品快速检测方法，包括孔雀石绿、亚硝酸盐、硼酸、氯霉素、玉米赤霉烯酮、地西泮、组胺等检测项目，另外还有数十项快速检测方法正在制定中。上述快速检测方法是由食品监管部门制定的定性快速检测方法，根据《关于规范食品快速检测方法使用管理的意见》的规定，在日常监管、专项整治、活动保障等的现场检查工作中使用，检测结果可作为行政处罚的依据。除此之外，原国家质量监督检验检疫总局、原卫生部、农业部门、粮食部门、学术团体等也制定了部分食品快速检测方法，例如《进出口肉及肉制品中盐霉素残留量检测方法　酶联免疫法》（SN/T 0673—2011）、《蔬菜中有机磷和氨基甲酸酯类农药残留量的快速检测》（GB/T 5009.199—2003）、《动物性食品中氟喹诺酮类药物残留检测　酶联免疫吸附法》（农业部 1025 号公告—8—2008）、《粮油检验　粮食中铅的快速测定　稀酸提取-石墨炉原子吸收光谱法》（LS/T 6135—2018）、《水产品中氯霉素残留的快速检测　胶体金免疫层析法》（T/ZNZ 030—2020）等快速检测方法。

新版《中华人民共和国食品安全法》中规定"采用国家规定的快速检测方法对食用农产品进行抽查检测",《中华人民共和国农产品质量安全法》中规定"采用国务院农业行政主管部门会同有关部门认定的快速检测方法进行农产品质量安全监督抽查检测"。新版《中华人民共和国食品安全法》和《中华人民共和国农产品质量安全法》的发布正式赋予快速检测可以作为行政处罚依据的法律地位。因此,食品快速检测方法标准在食品安全保障工作实施过程中至关重要。虽然食品快速检测技术相对成熟,已在食品安全保障领域中广泛应用,但由于食品基质和检测项目繁多,食品安全风险也不断涌现,当前快速检测方法相对滞后的问题逐步凸显,难以满足监管和社会的需求。需要相关部门加紧制定食品快速检测方法标准,加速完善科学、严谨、全面的快速检测技术标准体系,有效提升监管效能。

另外还有一些地方性标准也涉及快速检测相关产品和方法。

吉林省2014年发布实施的《蔬菜中农药残留快速检测仪》(DB22/T 2000—2014),规定了蔬菜中农药残留快速检测仪的术语和定义、技术要求、试验方法、检验规则、标志、包装、运输及贮存。本标准适用于酶抑制率法,使用试剂盒(包)对蔬菜样品中有机磷和氨基甲酸酯类农药残留进行快速筛查的仪器。同年发布实施的《牛奶和奶粉中蛋白质快速检测仪》(DB22/T 2002—2014)规定了牛奶和奶粉中蛋白质快速检测仪的术语和定义、技术要求、试验方法、检验规则、标志、包装、运输及贮存。适用于光度衰减法,使用试剂盒(包)对牛奶和奶粉样品中蛋白质进行快速定量检测的仪器。

浙江省2016年发布并实施的地方计量技术规范《农药残留快速检测仪校准规范》〔JJF(浙)1127—2016〕,规定了校准工作中计量特性、校准条件、校准项目和校准方法、校准结果的表达等要求,适用于其辖区内采用酶抑制率法测定有机磷和氨基甲酸酯类农药残留的快速检测仪(不连续波长)的计量性能的校准。

三、食品快速检测评价与质量控制规范

随着食品快速检测技术迅速发展,快速检测产品生产企业准入门槛低、市场上快速检测产品质量良莠不齐的现象引起了监管部门的高度重视。为保障快速检测产品科学合理地选购和使用,国内相关部门先后出台了多项快速检测产品评价相关的法规规范。2005年,原农业部发布了《关于加强兽药残留检测试剂(盒)管理的通知》(农办医〔2005〕3号),要求兽药残留检测试剂(盒)实行备案制,需提交包括申请报告、产品研制概况、产品生产工艺等方面的技术资料。同年原农业部发布了《关于发布〈兽药残留酶联免疫试剂(盒)备案审查技术资料要求〉和〈兽药残留酶联免疫试剂(盒)备案参考评判标准〉的通知》(农医发〔2005〕17号)。其中《兽药残留酶联免疫试剂(盒)备案审查技术资料要求》中对产品研制概况、产品生产工艺、产品质量标准、产品稳定性试验、使用说明书和试剂盒的技术参数六个方面做了详尽细致的要求,申请人需要按上述要求完成备案审查。《兽药残留酶联免疫试剂(盒)备案参考评判标准》从标准曲线、检出限和定量限、临界值(cut-off值)的确定、精密度和准确度、交叉反应、保存

期和复核试验七个方面详尽地规定了试剂（盒）备案参考评判标准。

2011 年国内首个针对检测试剂盒的评价标准——《商品化食品检测试剂盒评价方法》（SN/T 2775—2011）由原国家质量监督检验检疫总局发布实施。在通用要求中明确了商品化食品检测试剂盒的要求和评价实验室的要求。该标准规定了定性检测用商品化试剂盒评价指标（灵敏度、特异性、假阴性率/假阳性率、耐变性、与现有方法一致性分析）和定量检测用商品化试剂盒评价指标（线性和范围、检出限、定量限、正确度、特异性、精密度、耐变性、与参考检测方法的比较）及定性指标的评价方法和定量指标的评价方法。该标准在快速检测产品评价中首次提出了"耐变性"指标，并对耐变性评价方法作了指导性要求。该标准的发布对于推动快速检测产品规范化，确保快速检测数据的科学性与准确性具有重要意义。

2017 年，原国家食品药品监督管理总局出台《食品快速检测方法评价技术规范》。该规范适用于监管部门组织开展的定性快速检测方法及相关产品的技术评价，总体思路是严格规定快速检测产品技术性能要求，不对特定产品进行认定。规定的评价指标为灵敏度、特异性、假阴性率和假阳性率、与参比方法一致性分析。规范中对快速检测方法及相应产品检出限及上述 4 项指标进行明确的说明及规定，对评价步骤（拟定评价技术方案、盲样制备、试验测试）、评价结果及报告出具等作了基本要求，尤其是对盲样制备（基质选择、均匀性和稳定性）、试验测试要求（盲样测试、测试水平和样品数量等）进行了详细的规定。该规范发布以来，在全国食品安全监管部门以及快速检测产品生产企业中得到广泛应用，为推动快速检测规范化发挥了巨大的作用。2021 年，国家市场监督管理总局发布了系列快速检测管理规范（征求意见稿），其中《食品快速检测产品评价程序》（征求意见稿）是针对于快速检测产品和快速检测方法的符合性评价，主要内容包括适用范围、评价的组织、评价的实施和结果公布，评价技术指标与快速检测方法要求一致，包括灵敏度、特异性、假阳性率和假阴性率。该程序将对倒逼企业提高产品质量，保证产品持续合规具有重要意义。

地方性的快速检测产品评价质量控制规范还包括：

江西省 2020 年发布并于 2021 年起实施的系列涉及食品快速检测与质量控制的地方标准，如《食品快速检测盲样制备通用技术规范》（DB36/T 1335—2020），规定了食品快速检测所用盲样的要求、评价、原始记录、报告、储存和运输应遵循的技术要求，适用于食品快速检测盲样制备。《食品快速检测产品评价技术规范》（DB36/T 1334—2020）规定了食品快速检测产品评价的通用要求、评价指标、评价步骤、评价结果及报告出具等要求，适用于食品快速检测产品的评价。《食品快速检测数据管理系统技术规范》（DB36/T 1338—2020）规定了食品快速检测数据管理系统的一般要求、一般功能组成、系统测试要求，适用于食品安全快速检测数据管理系统的建设。《食品快速检测实验室质量控制规范》（DB36/T 1337—2020）规定了食品快速检测实验室检测质量控制要求，包括人员要求、设施和环境、设备、采购服务与供给、标准物质、样品、检测方法、检测和数据处理、结果报告、结果质量控制等，并有实验室管理制度和质量控制表格供参考，适用于食品快速检测实验室质量控制。

　　深圳市2020年发布实施的地方标准《食品快速检测产品评价技术规范》（DB4403/T 96—2020），规定了食品（含食用农产品）快速检测产品的技术评价要求。该文件适用于食品监管部门对食品快速检测产品适用性的技术评价，包括食品中化学物质（农兽药残留、食品添加剂、非法添加物质、重金属、真菌毒素等）和理化指标等的快速定性检测。《食品快速检测质量控制指南》（DB4403/T 93—2020）规定了食品（含食用农产品）快速检测质量控制的资源要求、过程要求、结果质量控制要求和管理要求，适用于食品中化学物质（包括农兽药残留、食品添加剂、非法添加物质、重金属、真菌毒素等）和理化指标快速检测工作的质量控制。

第2章
食品快速检测技术原理简介

第1节　化学比色法快速检测技术

化学比色法是一种光学与生物化学相结合的检测方式，也是当前在食品质量安全检测中应用最多的方式之一。随着光学仪器制造技术的发展，紫外—可见分光光度计应用日益普及，酶标仪的出现使得比色法得到了更广泛的应用。

一、化学比色法技术原理

化学比色法主要原理是基于待测物质与化学试剂发生有颜色变化的化学反应，之后使用肉眼比色、分光光度计、比色卡进行比对，按照颜色的特异性对待测物质进行定性或半定量分析。整体来看，这种方式所使用的设备数量较少、结果辨识度较高，通常用于常量或者是微量物质的检测。

化学比色法是以生成有色化合物的显色反应为基础的，一般包括两个步骤：首先是选择适当的显色试剂与待测组分反应，形成有色化合物，然后比较或测量有色化合物的颜色深度。比色分析对显色反应的基本要求：①反应具有较高的选择性，即选用的显色剂最好只与待测组分反应，而不与其他干扰组分反应或其他组分的干扰很小；②反应生成的有色化合物有恒定的组分和较高的稳定性；③反应生成的有色化合物有足够的灵敏度；④反应生成的有色化合物与显色剂之间的颜色差别较大。

选择适当的显色反应，研究最合适的反应条件和消除干扰的方法是比色分析的关键问题。

二、化学比色法在食品快速检测中的应用

化学比色法的优点是成本低廉、生产周期较短、操作相对简便、显色反应迅速和结果显示直观等，不足之处是灵敏度不高，很难对痕量待检物质进行检测；此外，比色法易受待测物自身物质或颜色影响，食品基质复杂，部分项目检测可能存在干扰。

基于化学比色法的快速检测产品常见的有试纸片或显色管，通过色阶卡目视比色。这类产品操作简单，不受操作场地的限制；缺点是颜色通过肉眼来判断，存在主观误差。王志琴等用品红溶液和硫酸溶液加载到试纸上，制作了一种用于检测牛乳中甲醛的试纸，最低检出量为 0.08 g/L，同时，与试管法的比较结果表明，两种方法的

检测灵敏度基本一致，但试纸法的反应速度要快于试管法，证明了该试纸可以应用于牛乳中甲醛的检测。肖良品等以中速定性滤纸为制作材料，运用装订法研发了一种三维纸芯片，选用柠檬酸溶液、对氨基苯磺酰胺、N-（1-萘基）乙二胺盐酸盐作为显色剂固定在纸芯片的不同层上，结合比色检测装置实现了亚硝酸盐的快速定量检测，在 $0\sim10$ mg/L 的浓度范围内呈现出良好的线性关系，最低检出限为 2 mg/L，加标回收率为 91.4%～102.0%，且该纸芯片性能稳定，在室温条件下放置 7 周后与新制作的纸芯片显色结果基本一致。程楠等针对目前过氧化氢残留快速检测试纸稳定性较差、响应时间较长、有效期偏短以及生产周期长等问题，对现有试纸的显色液配方及制作工艺进行了优化，研制出了一种新型过氧化氢残留快速检测试纸。25 组样品的过氧化氢残留量的测定结果表明，该试纸的检测结果精确度高、重复性好，适用于现场的快速检测，对于食品中过氧化氢残留的快速检测具有重要的借鉴意义。李琴等用维多利亚蓝 B 作为显色剂、乙醇溶液作为显色溶剂，制备了一种快速检测重金属镉的试纸，同时在马铃薯样品中加入抗坏血酸、碘化钾和邻菲罗啉，用硫酸调节 pH，然后用该镉试纸进行检测，并与标准比色板比较。结果显示马铃薯样品中的镉含量与用石墨炉原子吸收法测得的结果相接近，该方法具有一定的实用价值，为食品中镉含量的快速检测提供了参考。国家有关部门发布的快速检测标准方法中，采用化学比色原理的包括甲醛、甲醇、硼酸、酸价、过氧化值、铝残留、亚硝酸盐、组胺等检测指标，目前均已形成成熟的检测方法和快速检测产品在基层广泛应用。

随着技术的发展，与化学比色法配套的微型光电比色仪目前已发展得较为成熟并广泛应用。此类仪器在出厂前已内置好检测项目的标准曲线，用户无须自行建立，仅需按照说明书操作步骤处理，将反应后的样液放入仪器中，即可自动读出检测结果。常见的仪器种类有手持式综合分析仪和台式综合分析仪。台式机通道较多，可以满足一次检测多个样品的需求，功能更全面；手持式检测仪便于携带，方便现场使用，适用于检测前处理过程简单，无须过多辅助设备的项目。

第2节　胶体金免疫层析快速检测技术

胶体金免疫层析技术（colloidal gold immunochromatography assay，GICA）是 20 世纪末发展起来的将胶体金标记技术、免疫检测技术和蛋白质层析技术相结合，以硝酸纤维素膜（nitrocellulose filter membrane，简称"NC 膜"）为载体的快速固相膜免疫分析技术。

1857 年，英国著名物理学家、化学家迈克尔·法拉第（Michael Faraday）首次制备出胶体金，这是奠定胶体金制备和应用科学基础的重大发现。继 1962 年费尔德（Feldherr）等首次提出将胶体金作为一种用于电子显微镜示踪标记物的观点后，1971 年，福尔克（Faulk）等首次将胶体金作为一种新型的有色标记物被应用于免疫学领域的研究，建立了一种以胶体金为显示信号的免疫标记技术。免疫胶体金技术一直是国内外学者的研究重点，发展迅速。1974年建立了间接免疫金染色法，1989年建立了斑点金免疫渗滤法，1990年贝格斯（Beggs）等在免疫渗滤技术的基础上，建立了简易、快速的胶体金免疫层析技术。

胶体金免疫层析技术作为一种免疫检测分析方法，具有传统免疫分析方法没有的优点：使用方便，操作简单，使用者不需经过培训，安全、无毒副作用；经济环保；检测时间短；体积小，便于携带；生产成本和检测成本均较低；试验结果可长期保存，制备好的试纸条在4℃冰箱中可保存半年甚至更长时间；检测标本种类多；使用范围广，可用于临床和非临床许多领域的检测。

一、胶体金免疫层析技术原理

胶体金免疫层析技术是建立在胶体金技术和免疫层析技术之上，以NC膜等固相膜为载体进行抗原抗体免疫分析的一种即时检验技术。一般只需试纸条装置，或者读数仪等简单仪器设备配合即可完成检测。

胶体金免疫层析试纸条的底层一般是附着在PVC底板上的NC膜，膜上面包被有抗原或抗体等检测蛋白，连接NC膜的是固相化的胶体金标记结合垫（通常是玻璃纤维），这种胶体金标记结合垫吸附了胶体金粒子标记的针对不同检测样品的特异性抗体或抗原。样品垫通常附着在胶体金标记结合垫上。加样时，液体样品通过毛细管作用经过胶体金标记结合垫，并与上面的胶体金标记抗体或胶体金标记抗原等共同泳动迁移至NC膜上，并与相应的包被蛋白（检测线或控制线）相结合，见图2-1、彩图2-1。

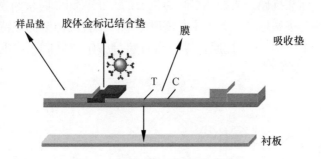

图2-1　胶体金免疫层析技术原理

胶体金免疫层析技术的检测原理是利用吸水垫形成的毛细管虹吸效应，使被检测抗原或抗体等分析物与胶体金标记抗体反应形成胶体金标记抗原抗体复合物，常见的有双抗体夹心法、竞争法、间接法三种检测模式。

1. 双抗体夹心法

胶体金免疫层析技术双抗体夹心法较常用，主要用于相对分子质量较大的蛋白（抗原）的检测，通常是两株抗体针对一个抗原的不同结合位点进行结合反应。如图2-2、彩图2-2所示，在A端滴加待测物，B端为吸水垫，待测物通过层析作用移向B端。G处为针对抗原一个结合位点的胶体金标记特异性抗体（胶体金标记符号Ⓐⓤ），检测线T线

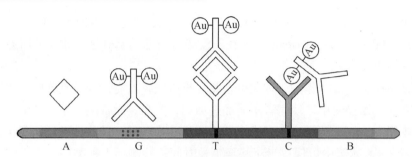

图2-2 胶体金免疫层析技术双抗体夹心法原理

包被了针对抗原另一结合位点的特异性抗体,检测线C线包被二抗(如羊抗兔免疫球蛋白抗体、兔抗鼠免疫球蛋白抗体)。测试时A端滴加待测物,通过层析作用向B端移动,若待测物为阳性,即含有待测抗原成分,则抗原与金标特异性抗体形成复合物,移至T线,形成胶体金标记特异性抗体-待测抗原-特异性抗体复合物,胶体金标记特异性抗体被固定下来,在T区显示红色线条,呈阳性反应,多余的胶体金标记特异性抗体移至C线被二抗捕获,呈现红色质控线条。只有当C线显色才能保证G处的胶体金标记特异性抗体足量,能结合所有的待测抗原,从而保证反应的准确性。C线不显色为失效结果。

2. 竞争法

胶体金免疫层析技术竞争法主要用于小分子抗原(农药、兽药、真菌毒素等)的检测。因为这些相对分子质量小的抗原不能直接固定于硝酸纤维素膜上,所以通常用化学法使这些小分子抗原偶联到牛血清白蛋白(bovine serum albumin,BSA)等大分子物质上再固定于硝酸纤维素膜上。如图2-3、彩图2-3所示,G处为胶体金标记特异性抗体,检测线T线包被了标准抗原,质控线C线为包被的二抗。测试时待测物滴加于A端,若待测物含有待测小分子抗原,则与T线的抗原竞争性结合胶体金标记特异性抗体有限的抗原结合位点。当待测小分子抗原含量较高,超过一定浓度时,占据胶体金标记特异

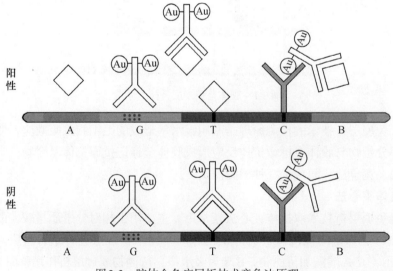

图2-3 胶体金免疫层析技术竞争法原理

性抗体的所有结合位点，形成抗原-抗体复合物，导致T线的抗原无法结合到胶体金标记特异性抗体，此时T线呈无色，抗原-抗体复合物随样本继续前进，与C线上包被的二抗结合，并不断积累显色。因此本方法的阳性结果：T线变浅或消失，C线显色。阴性结果：T线、C线均显色且显色程度基本一致。C线不显色为失效结果。

3. 间接法

胶体金免疫层析技术间接法主要用于血清中抗体的检测，纯化或者重组的抗原固定于硝酸纤维素膜上T线处。多用胶体金标记的蛋白A（蛋白A通常与待测抗体Fc端结合而与其他蛋白质不结合）或其他可以与待测抗体Fc端结合的二抗处于G处。胶体金免疫层析技术间接法通常要求使用过量的胶体金，并且样品在加入前需要稀释或者加入极少量样品后再加缓冲液。如图2-4、彩图2-4所示，测试时在A端滴加待测物，通过层析作用向B端移动，G处为胶体金标记特异性抗体，检测线T线包被了标准抗原，若待测物为阳性，即含有待测抗体成分，待测抗体Fc端与胶体金标记特异性抗体结合，胶体金标记特异性抗体-待测抗体复合物移至T线，待测抗体与T线的抗原结合，形成胶体金标记特异性抗体-待测抗体-抗原复合物，胶体金标记特异性抗体被固定下来，在T区显示红色线条，呈阳性反应，同时多余的胶体金标记特异性抗体移至C线被二抗捕获，呈现红色质控线条。只有当C线显色才能保证G处的胶体金标记特异性抗体足量，能结合所有的待测抗体，从而保证反应的准确性。C线不显色为失效结果。

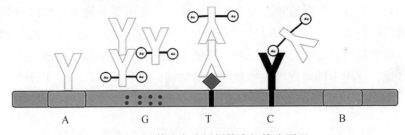

A G T C B

图2-4 胶体金免疫层析技术间接法原理

二、胶体金免疫层析技术在食品快速检测中的应用

1. 胶体金免疫层析技术在农药残留检测中的应用

为保障农产品产量，种植者种植过程中常使用农药，食用农产品货值大，保存期较短，因此，通用的实验方法很难满足农产品检测需求，利用胶体金免疫层析技术检测很有必要。胶体金免疫层析技术在农药残留检测中的研究和应用指标主要有新烟碱类、拟除虫菊酯类、有机磷类、氨基甲酸酯类和有机氯类杀虫剂，以及酰胺类、取代苯类杀菌剂和除草剂等。经市场验证，均取得较好的检测效果。

2. 胶体金免疫层析技术在兽药残留检测中的应用

兽药残留是动物源性食品安全中的主要问题之一，目前引起兽药残留量超标的主要是动物源性食品中的抗生素类、抗菌类和激素类药物，胶体金免疫层析技术在这几类兽残检测中均有应用。胶体金免疫层析技术在目前已发布的兽残类快速检测标准中也是很重要的检测方法之一，如动物源性食品中沙丁胺醇、莱克多巴胺、克伦特罗、喹诺酮类，水产品中氯霉素、孔雀石绿、硝基呋喃类等，方法的检出限、灵敏度、特异性等性能指标能够满足检测和监管需求。

3. 胶体金免疫层析技术在真菌毒素检测中的应用

真菌毒素是由镰刀菌属、青霉属、曲霉属等真菌在适宜温度、湿度条件下产生的次级代谢产物，主要污染粮食、水果、饲料和干果等农产品。据联合国粮食及农业组织统计显示，全球每年被真菌毒素污染的粮食高达粮食总产量的25%。胶体金免疫层析技术已被广泛用于检测谷物中的真菌毒素，主要包括单一和多种定性、半定量及定量检测。目前，已有呕吐毒素、黄曲霉毒素B_1、黄曲霉毒素M_1、赭曲霉毒素A等检测指标的胶体金免疫层析快速检测技术列入快速检测标准方法中。另外，伏马菌素、玉米赤霉烯酮等也建立了相应的胶体金免疫层析方法，检出限和准确性也能满足检测需求。随着免疫层析检测技术的进步与发展，实现检测样本中多种真菌毒素的同时、快速、定性检测和定量分析，以胶体金技术为基础的多重检测模式已成为快速检测领域的重点研究方向。

4. 胶体金免疫层析技术在非法添加检测中的应用

部分食品、保健品经营者为获取利益，在食品及保健品中添加违禁药物，给广大人民群众的身体健康带来极大威胁。目前保健食品中那非类化学药物、他达拉非、苯巴比妥，食品中罗丹明B、三聚氰胺、苏丹红、吗啡、可待因等非法添加物的检测均用到了胶体金免疫层析技术。另外，同时检测一个样品中西地那非、他达拉非两种类似的违禁药物的胶体金免疫层析方法已建立，有效降低了制作成本，缩短了检测时间，比单检技术更快捷方便，适用于抽检现场大批量的样品初筛。

第3节 酶联免疫吸附测定快速检测技术

酶联免疫吸附测定（enzyme linked immunosorbent assay，ELISA）是1971年恩瓦尔（Engvall）和佩尔曼（Perilmann）建立的一种生物活性物质的微量测定技术，其以灵敏度高、特异性好的特点，在生命科学领域得到了广泛应用。随着技术的不断进步，其在食品检测行业的应用也不断发展，成为一种新兴的食品快速检测技术。

一、ELISA 的原理

ELISA是免疫学检验的一种方法。生物学家发现生物产生的抗体有一种特性，即每种抗体都有其特异性识别和结合的抗原。ELISA利用这种特性，可以检验样品中的抗原或抗体。使用ELISA时，一般会先使用固相抗原或抗体特异性结合待测样品中对应的抗体或抗原，再加入另一种抗原或抗体。后加入的抗原或抗体也会与待测样品或固相抗原或抗体进行特异性结合。然后加入酶所对应的底物，通过底物反应产生的带颜色的产物，对待测样品进行定性观察（观察颜色的变化）或定量分析（检验反应后待测样品的吸光度值）。

1. ELISA 的影响因素

ELISA 是利用抗体的选择性和酶标记的化学放大的灵敏性而建立起来的。因此考虑影响 ELISA 测定结果的因素主要包括：

（1）抗原包被：将抗原固定于聚苯乙烯微量反应板中称为"包被"。包被的质量是影响抗原-抗体反应的重要因素。目前蛋白质类抗原的包被技术已经相当成熟，但是对半抗原来说，通常以半抗原-载体结合物的形式包被。蛋白质（如牛血清白蛋白、卵白蛋白）是最常见的载体，但存在着重现性不好、易和抗体发生交叉反应的缺陷。沃思琪乌尔（Verschoor）报道用尼龙作为半抗原的载体，效果更好。

（2）非特异性反应：ELISA 中可以发生许多非特异性反应，严重干扰分析的结果。选择适当抗体组合可明显地减少这种反应的发生。实践中通常采用一些简单的预处理，例如在包被液中加入牛血清白蛋白或者明胶等封闭剂；往洗涤液中加入吐温20（Tween-20）等。高选择性的单克隆抗体代替多克隆抗体也是提高 ELISA 特异性的另一有效途径。

（3）酶和抗体的偶联：应用于 ELISA 的酶主要有辣根过氧化物酶（horseradish peroxidase，HRP）和碱性磷酸酶等，其中尤以 HRP 用得最多。酶和抗体偶联的好坏直接影响试剂的灵敏度。HRP 与抗体的偶联现多采用改良的高碘酸钠氧化法（改良 Wilson's 法），碱性磷酸酶与抗体偶联通常有戊二醛法和偶氮法。

（4）酶的底物：当酶标记抗体-抗原复合物和酶的底物相遇时，复合物中的酶水解底物，使无色的底物溶液生成有色的反应产物，然后根据颜色的深浅测出待测物。由此可看出酶底物的选择对准确和迅速地显示结果影响很大。HRP 常采用 H_2O_2-邻苯二胺或 H_2O_2-邻联甲苯胺作为酶底物，由于反应产生颜色深浅与 H_2O_2 的用量有关，因此在底物溶液的配制时应注意控制好 H_2O_2 的用量。

（5）洗涤：无论是免疫反应，还是酶促反应，每次反应后都要反复洗涤，这既保证了反应的定量关系，也除去了血清中与反应无关的其他成分及游离的酶复合物等。洗涤效果与检测结果密切相关。如果洗涤不充分，常引起结果的紊乱，最好做到洗涤的步骤标准化。

2. ELISA 的检测方法

ELISA 技术从 20 世纪 90 年代末期开始应用，随着其应用逐渐成熟，目前已经有很多种检测方法，如双抗体夹心法、间接法、竞争法等。其中双抗体夹心法和间接法都属于非竞争类型的反应，这类检测技术在对食品进行检测时主要是通过比较检测过程中复合物的形成量与等待检测的抗原、抗体量之间的比值来进行判断。由于检测过程中灵敏性高、检测迅速，因此 ELISA 技术已经成为当前食品检测领域中的一种应用非常广泛的检测技术，在农药残留、违禁药物以及转基因食品、生物毒素等方面都有着广泛的应用。

（1）双抗体夹心法：双抗体夹心法是检测抗原最常用的方法，操作步骤（图2-5、

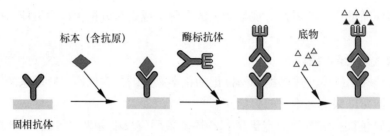

图2-5   双抗体夹心法测抗原示意图

彩图2-5）：①特异性抗体与固相载体连接，形成固相抗体，洗涤除去未结合的抗体及杂质。②加受检标本，使之与固相抗体接触反应一段时间，让标本中的抗原与固相载体上的抗体结合，形成固相抗原复合物。洗涤除去其他未结合的物质。③加酶标抗体，使固相免疫复合物上的抗原与酶标抗体结合。彻底洗涤未结合的酶标抗体。此时固相载体上带有的酶量与标本中受检物质的量成正相关。④加底物，夹心式复合物中的酶催化底物成为有色产物。根据颜色反应的程度进行该抗原的定性或定量。

根据同样原理，将大分子抗原分别制备固相抗原和酶标抗原结合物，即可用双抗原夹心法测定标本中的抗体。

在双抗体夹心法测定抗原时，如应用针对抗原分子上两个不同抗原决定簇的单克隆抗体分别作为固相抗体和酶标抗体，则在测定时可使标本的加入和酶标抗体的加入两步并作一步。这种双位点一步法不但简化了操作，缩短了反应时间，而且使高亲和力的单克隆抗体测定的敏感性和特异性也显著提高。单克隆抗体的应用使测定抗原的ELISA提高到新水平。在一步法测定中，应注意钩状效应（hook effect），类同于沉淀反应中抗原过剩的后带现象。当标本中待测抗原浓度相当高时，过量抗原分别和固相抗体及酶标抗体结合，而不再形成夹心复合物，所得结果将低于实际含量。钩状效应严重时甚至可出现假阴性结果。

（2）间接法：间接法是检测抗体最常用的方法，其原理为利用酶标记的抗体以检测已与固相结合的受检抗体，故称为"间接法"。操作步骤（图2-6、彩图2-6）：①将特异性抗原与固相载体连接，形成固相抗原，洗涤除去未结合的抗原及杂质。②加入待测样本，其中的特异抗体与抗原结合，形成固相抗原抗体复合物。经洗涤后，固相载体上只留下特异性抗体，其他杂质由于不能与固相抗原结合，在洗涤过程中被洗去。③加酶标抗体，与固相复合物中的抗体结合，从而使该抗体间接地标记上酶。洗涤后，固

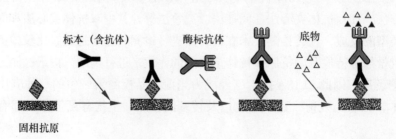

图2-6   间接法测抗体示意图

相载体上的酶量就代表特异性抗体的量。④加底物显色，颜色深度代表标本中受检抗体的量。

本法只要更换不同的固相抗原，就可以用一种酶标抗体检测各种与抗原相应的抗体。

（3）竞争法：竞争法可用于测定抗原，也可用于测定抗体。以测定抗原为例，受检抗原和酶标抗原竞争与固相抗体结合，因此结合于固相的酶标抗原量与受检抗原的量成反比。操作步骤（图2-7、彩图2-7）：①将特异抗体与固相载体连接，形成固相抗体。洗涤。②待测管中加受检标本和一定量酶标抗原的混合溶液，使之与固相抗体反应。如受检标本中无抗原，则酶标抗原能顺利地与固相抗体结合。如受检标本中含有抗原，则与酶标抗原以同样的机会与固相抗体结合，竞争性地占去了酶标抗原与固相载体结合的机会，使酶标抗原与固相载体的结合量减少。参考管中只加酶标抗原，保温后，酶标抗原与固相抗体的结合可达最充分的量。洗涤。③加底物显色：参考管中由于结合的酶标抗原最多，故颜色最深。参考管颜色深度与待测管颜色深度之差，代表受检标本抗原的量。待测管颜色越淡，表示标本中抗原量越多。

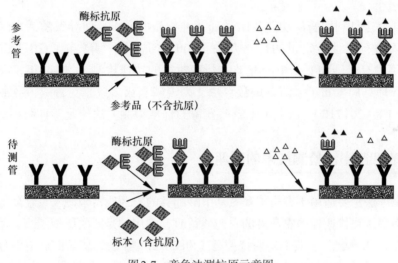

图2-7　竞争法测抗原示意图

二、ELISA的优缺点

优点：ELISA技术既可以检测抗原，也可以检测抗体，其反应特异性高、灵敏度强、试验操作简单、耗时短，不需要大型仪器设备，结果可读性高，分析简单且成本低，是当下较为理想的食品和饲料安全检测技术之一。缺点：ELISA技术对试剂的选择性高，对相对分子量小的化合物检测难度大，且结构相似的化合物还会出现不同程度的交叉反应。为弥补以上缺点，可尝试从以下方面进行改善：

（1）改善抗体制备的方法：根据待测物质的特性，综合利用不同学科知识，将组合化学、计算机模拟技术以及立体化学知识等进行融合，建立不同结构的评价模型，提高筛选对象的效率和准确率，进而提高克隆抗体的亲和性。

（2）同时对多个检测对象进行分析：在抗原合成过程中，通过对条件进行控制，让合成的抗原能够针对同一类抗体结合，这样可以实现一次实验同时完成大量同类样品的处理，节约时间和成本。

（3）降低出现交叉反应和假阳性的概率：检测过程中为了减少出现交叉性的反应和假阳性现象，可以在包被液中添加一些牛血清蛋白或者明胶类物质，并在洗涤液中添加吐温20，这样可以有效降低检测过程中由于非特异性吸附所造成的干扰。

（4）提高检测过程的灵敏度：可先将抗体和酶标进行融合，让两者充分结合后再与抗原混合，这样可以增加检测的灵敏度，同时采用酶放大系统和抗体固相化技术，使抗体按照一定的秩序与固相结合，这样可以增加抗体、抗原的结合点位，减少空间位阻。

第4节　酶抑制率快速检测技术

酶抑制率法是利用酶的功能基团受到某种物质的影响，而导致酶活力降低或丧失作用的现象进行定性或定量的检测方法。2003年原卫生部颁布了GB/T 5009.199—2003《蔬菜中有机磷和氨基甲酸酯类农药残留量的快速检测》；2017年，原国家食品药品监督管理总局发布了《蔬菜中敌百虫、丙溴磷、灭多威、克百威、敌敌畏残留的快速检测》（KJ 201710）。以上关于农药残留的标准检测方法均是酶抑制率法。

一、酶抑制率法检测技术的原理

酶抑制率法主要适用于有机磷和氨基甲酸酯类的农药残留检测及重金属的检测。

酶抑制率法在快速检测农产品的农药残留时，常用的是乙酰胆碱酯酶，动物源性的酶主要存在动物肝脏和血液中，斯特德曼（Stedman）等最先从马的血清中分离出乙酰胆碱酯酶。但是动物源性的乙酰胆碱酯酶成本高不易得到，且要求的保存温度更严格。猪肝中提取的酶，来源广、易得到、酶活性较高，应用较为广泛。

植物酯酶及少数的微生物酶相比动物酯酶原料易得、成本低、保存期长。近些年，一些植物酯酶也被尝试应用于有机磷或氨基甲酸酯类农药的检测。姜露等将麦麸中提取的麦麸酯酶作为检测用酶，并对样品检测所用的农残提取液、提取方法、时间等进行优化。优化后的回收率良好，证实了优化后的麦麸酯酶抑制率法对于快速检测有机磷和氨基甲酸酯类的农残是可行的。

在重金属检测中，常用的酶是脲酶，脲酶在自然界中广泛存在，主要源于豆类植物中。除此之外，还有如葡萄糖氧化酶、磷酸酯酶、过氧化物酶、蛋白酶等其他种类的酶。

酶抑制率法检测原理见图2-8：

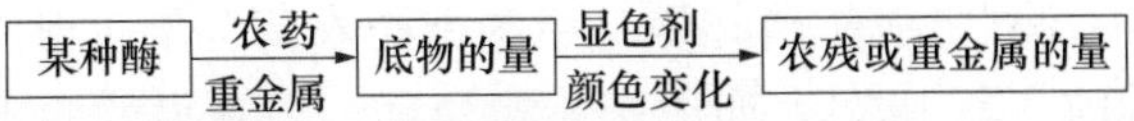

$$\boxed{某种酶} \xrightarrow[\text{重金属}]{\text{农药}} \boxed{底物的量} \xrightarrow[\text{颜色变化}]{\text{显色剂}} \boxed{农残或重金属的量}$$

图 2-8　酶抑制率法检测原理示意图

1. 酶抑制率法（分光光度法）的原理

GB/T 5009.199—2003 中酶抑制率法检测有机磷和氨基甲酸酯类农药的原理：在一定条件下，有机磷和氨基甲酸酯类农药对胆碱酯酶正常功能有抑制作用，其抑制率与农药的浓度呈正相关。正常情况下，酶催化神经传导代谢产物（乙酰胆碱）水解，其水解产物与显色剂反应，产生黄色物质，用分光光度计在 412 nm 处测定吸光度随时间的变化值，计算出抑制率，通过抑制率可以判断出样品中是否有高剂量有机磷或氨基甲酸酯类农药的存在。

有机磷和氨基甲酸酯类农药的磷脂键、酰胺键会与特异性酶（乙酰胆碱酯酶）活性中心的丝氨酸键合，即若待测样品中无有机磷或氨基甲酸酯类的农药残留时，乙酰胆碱酯酶的活性不受农药的抑制，可使酶活性正常发挥，水解反应底物，加入特定的显色剂，可与水解后的产物发生反应而显色。若待测样品中有有机磷或氨基甲酸酯类农药残留时，浓度不同的农药残留量会对乙酰胆碱酯酶活性产生不同程度的破坏，使酶无法正常催化水解底物，进而使水解产物的生成量减少，加入特定的显色剂后颜色变浅。

检测重金属的原理：重金属离子与形成酶活性中心的巯基或甲巯基键合改变酶的结构，从而抑制酶活性的发挥，使底物量发生变化。

2. 速测卡法（纸片法）检测原理

纸片法具有操作简单、携带方便、检测快速等特点，更适用于农产品的现场快速检测。纸片法所用的酶一般是胆碱酯酶，底物是靛酚乙酸酯，在 GB/T 5009.199—2003 中纸片法的原理：胆碱酯酶可催化靛酚乙酸酯（红色）水解为乙酸与靛酚（蓝色），有机磷或氨基甲酸酯类农药对胆碱酯酶有抑制作用，使催化、水解、变色的过程发生改变，由此可判断出样品中是否有高剂量有机磷或氨基甲酸酯类农药的存在。

二、酶抑制率法在食品快速检测中的应用

1. 酶抑制率法在食品农药残留检测中的应用

目前酶抑制率法在食品农产品的农药残留快速检测技术中，是一种常用的科学有效的检测手段。此法开始于 20 世纪 60 年代，80 年代得到了快速发展。基于酶抑制率法技术生产的各种快速检测仪器设备携带方便、检测迅速、成本较低、灵敏度较高、对人员技术要求不高，且易上手操作，能迅速检测样品中农药残留的总量，在农产品的流通等各个环节使用，具有较高的现场实际应用价值，可以对农产品进行初步的快速检测筛查。

邱朝坤等对酶抑制率法快速检测有机磷农药残留进行了研究，对 5 种蔬菜中有机磷农药残留进行检测，根据乙酰胆碱酯酶活性抑制率和农药抑制程度得出相关方程，来判断蔬菜中的农药残留情况。研究发现酶抑制率大于 35% 时，可判断该样品中农药残留超标。

Jin等用酶抑制率法测定有机磷和氨基甲酸酯类农药含量，得出酶活力的抑制率与农药残留浓度成正相关。呋喃丹、西维因、对氧磷、敌敌畏的检出限分别为3.5 μg/L、50 μg/L、12 μg/L和25 μg/L。含不同浓度呋喃丹在大白菜汁的回收率为93.2%～107.0%，在油菜汁的回收率为108%～118%。

2. 酶抑制率法在食品重金属检测中的应用

脲酶可催化尿素水解，样品中存在重金属时，脲酶活性受到抑制，分解产物的氨也相应减少。重金属含量的多少与脲酶抑制率的高低成正相关。

和文祥等对脲酶与汞、镉间关系进行了研究，显示汞、镉复合污染对脲酶活性影响最大，而汞的生态毒性最强，由此表明脲酶活性可表征样品重金属污染的程度。

张桂等对脲酶法检测食品中镉的条件进行了探索，确定了食品中镉离子检测的最佳条件：即脲酶用量0～0.5 mL，反应时间30 min，显色时间30 min，研究表明，脲酶的抑制率与镉的含量呈线性相关，最小检测量能满足国家标准的限量检测，为进一步研究快速检测奠定了基础。另外，还对番茄酱和松花蛋样品中的镉离子进行了检测验证。结果显示，和原子吸收法检测结果无显著性差异。

孙璐等基于重金属离子对葡萄糖氧化酶的抑制作用，对葡萄糖氧化酶检测Pb^{2+}、Cu^{2+}、Ag^+的反应体系进行了优化，拟合出一种快速检测这三种金属离子的数学检测模型。在最优条件下，对不同浓度的重金属离子进行检测，结果显示，Pb^{2+}、Cu^{2+}、Ag^+在相应的浓度范围内其浓度与响应信号呈现出良好的线性关系，检出限分别为0.53 μmol/L、0.21 μmol/L、0.18 μmol/L。

余寿娜等研究了重金属Cd^{2+}、Hg^{2+}复合污染物对脲酶和酸性磷酸酶活性的影响。结果表明Cd^{2+}、Hg^{2+}单一或复合污染都对脲酶和酸性磷酸酶的活性具有明显抑制作用，与单一重金属污染相比，复合污染对脲酶和酸性磷酸酶活性的抑制作用表现有一定的协同作用。

3. 速测卡法在食品农药残留检测中的应用

速测卡法相较于酶抑制率法操作更简便，检测速度更快，随用随取，测定过程中可以通过对折检测卡或通过手捏使药片反应，也可以采用简易的恒温装置对检测卡进行加热、恒温和显色计时。目前研究中为了提高速测卡的检测效率，谢俊平等在研究中增加了溴制剂来提高检测有机磷农药的灵敏度，并对技术进行优化，研制出了含溴的粮食农药速测卡。改良后的检测技术操作简单，可在短时间内得出检测结果，且检出限低于2.0 mg/kg，结果准确性较高，适合于农药残留的现场快速检测。清江等还采用微流控裸眼目测比色技术，制作了一种基于纸基芯片的农药残留半定量快速检测卡。速测卡加样片上固定乙酰胆碱酯酶，底物片上固定碘化硫代乙酰胆碱，将待测样品通过加样孔接触加样片，通过裸眼观测淀粉-碘等间距条带的退色数目，半定量检测农药浓度。

酶抑制率法在食品中农药残留检测时受多种条件限制，如检测叶绿素较高的蔬菜：芹菜、菠菜，类胡萝卜素高的蔬菜：萝卜，植物次生物多的蔬菜：蘑菇、番茄，含有硫等刺激性蔬菜：韭菜、洋葱时，容易产生假阳性现象；检测温度对检测结果也有重要的影响，酶的储存温度、酶的浓度、反应底物剂量、显色剂的选配及反应时间、温度、

pH等对检测结果的影响很大。

总之，酶抑制率法检测技术在检测某些样品中部分种类的有机磷和氨基甲酸酯类农药时较为成熟，需要控制多个条件才能尽量降低假阳性率和假阴性率，若检出阳性，检测结果还需要采用仪器法进行准确确证。随着农药品种的不断增加，如拟除虫菊酯类等其他类别的农药，酶抑制率法在这些品种农药检测应用中受到了限制。

第5节　拉曼光谱快速检测技术

1928年印度物理学家拉曼（C. V. Raman）发现单色入射光透射到物质中的散射光包含与入射光频率不同的光，即拉曼散射。拉曼因此获得1930年诺贝尔物理学奖。与此同时，苏联兰茨堡格和曼德尔斯塔报道在石英晶体中发现了类似的现象，即由光学声子引起的拉曼散射，称为"并合散射"。法国罗卡特、卡本斯以及美国伍德证实了拉曼观察研究的结果。然而到1940年，拉曼光谱的地位一落千丈，主要是因为拉曼效应太弱，人们难以观测研究较弱的拉曼散射信号，更谈不上测量研究二级以上的高阶拉曼散射效应。到20世纪40年代中期，红外技术的进步和商品化更使拉曼光谱的应用一度衰落。直到1960年，随着激光技术的兴起，拉曼光谱仪以激光作为光源，光的单色性和强度大幅提高，使拉曼散射信号强度大幅增强，拉曼光谱技术得以迅速发展。随着探测技术的改进和对被测样品要求的降低，拉曼光谱在物理、化学、医药、工业等各个领域得到了广泛的应用。

一、拉曼光谱快速检测技术原理

1. 瑞利散射与拉曼散射

当一束激发光的光子与作为散射中心的分子发生相互作用时，大部分光子仅是改变了方向，发生散射，而光的频率仍与激发光源一致，这种散射称为"瑞利散射"；但也存在很微量的光子不仅改变了光的传播方向，而且也改变了光波的频率，这种散射称为"拉曼散射"。其散射光的强度占总散射光强度的$10^{-10} \sim 10^{-6}$。拉曼散射产生的原因是光子与分子之间发生了能量交换，从而改变了光子的能量，拉曼散射原理见图2-9。

2. 拉曼散射的产生

光子和样品分子之间的作用可以从能级之间的跃迁来分析。样品分子处于电子能级和振动能级的基态，入射光子的能量远大于振动能级跃迁所需要的能量，但又不足以将分子激发到电子能级激发态。这样，样品分子吸收光子后到达一种准激发

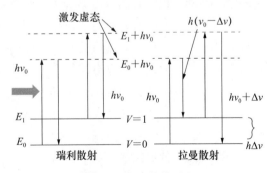

图2-9　拉曼散射原理

状态，又称为"虚能态"。样品分子在准激发态时是不稳定的，它将回到电子能级的基态。若分子回到电子能级基态中的振动能级基态，则光子的能量未发生改变，发生瑞利散射；如果样品分子回到电子能级基态中的较高振动能级即某些振动激发态，则散射的光子能量小于入射光子的能量，其波长大于入射光，这时散射光谱的瑞利谱线较低频率侧将出现一根拉曼散射光的谱线，称为"斯托克斯线"。如果样品分子在与入射光子作用前的瞬间不是处于电子能级基态的最低振动能级，而是处于电子能级基态中的某个振动能级激发态，则入射光光子作用使之跃迁到准激发态后，该分子退激回到电子能级基态的振动能级基态，这样散射光能量大于入射光子能量，其谱线位于瑞利谱线的高频侧，称为"反斯托克斯线"。斯托克斯线和反斯托克斯线位于瑞利谱线两侧，间距相等。斯托克斯线和反斯托克斯线统称为"拉曼谱线"。由于振动能级间距还是比较大，因此，根据玻尔兹曼定律，在室温下，分子绝大多数处于振动能级基态，所以斯托克斯线的强度远远强于反斯托克斯线。拉曼光谱仪一般记录的都只是斯托克斯线。

3. 拉曼位移

斯托克斯与反斯托克斯散射光的频率与激发光源频率之差 $\Delta\nu$ 统称为"拉曼位移"。斯托克斯散射的强度通常要比反斯托克斯散射强度强得多，在拉曼光谱分析中，通常测定斯托克斯散射光线。拉曼位移取决于分子振动能级的变化，不同的化学键或基态有不同的振动方式，决定了其能级间的能量变化，因此，与之对应的拉曼位移是有特征性的。这是拉曼光谱进行分子结构定性分析的理论依据。

4. 拉曼谱参数

拉曼谱的参数主要是谱峰的位置和强度。峰位是样品分子电子能级基态的振动态性质的一种反映，它是用入射光与散射光的波数差来表示的。峰位的移动与激发光的频率无关。拉曼散射强度与产生谱线的特定物质的浓度有关，呈正相关。样品分子量也与拉曼散射有关，样品分子量增加，拉曼散射强度一般也会增加。

5. 拉曼散射的选择定则

外加交变电磁场作用于分子内的原子核和核外电子，可以使分子电荷分布的形状发生畸变，产生诱导偶极矩。极化率是分子在外加交变电磁场作用下产生诱导偶极矩大小的一种度量。极化率高，表明分子电荷分布容易发生变化。如果分子的振动过程中分子极化率也发生变化，则分子能对电磁波产生拉曼散射，称分子有拉曼活性。有红外活性的分子振动过程中有偶极矩的变化，而有拉曼活性的分子振动时伴随着分子极化率的改变。因此，具有固有偶极矩的极化基团，一般有明显的红外活性，而非极化基团没有明显的红外活性。拉曼光谱恰恰与红外光谱具有互补性。凡是具有对称中心的分子或基团，如果有红外活性，则没有拉曼活性；反之，如果没有红外活性，则拉曼活性比较明显。一般分子或基团多数是没有对称中心的，因而很多基团常常同时具有红外活性和拉曼活性。当然，具体到某个基团的某个振动，红外活性和拉曼活性强弱可能有所不同。有的基团如乙烯分子的扭曲振动，则既无红外活性又无拉曼活性。

6. 拉曼光谱分析技术

（1）傅里叶变换拉曼光谱分析技术：傅里叶变换拉曼光谱是近红外激发拉曼技术与

傅里叶变换技术的结合。其原理是近红外激光照射样品产生并经瑞利散射过滤器后的拉曼散射光，由迈克尔逊干涉仪调制成拉曼散射光的干涉图，再对检测到的干涉图信号进行傅里叶变换，得到样品拉曼光谱。

（2）显微拉曼光谱分析技术：显微拉曼光谱仪把拉曼光谱仪和标准的光学显微镜耦合在一起，激发激光束通过显微镜聚焦为一个直径在 0.5～1.0 μm 大小的微小光斑，这一光斑所在范围内的拉曼信号通过显微镜回到光谱仪，然后得到光谱信息。

（3）激光共振增强拉曼光谱分析技术：激光共振拉曼光谱是建立在共振拉曼效应基础上的一种激光拉曼光谱法。其原理是当共振拉曼效应产生的激发光的频率等于或接近待测物电子吸收带频率时，待测物的某些拉曼谱带强度增至正常的 10^4～10^6 倍，有利于低浓度和微量样品的测定。激光共振增强拉曼光谱分析技术具有灵敏度高、所需样品浓度低、适宜定量分析等优点。

（4）表面增强拉曼光谱分析技术：拉曼光谱和红外光谱一样同属于分子振动光谱，可以反映分子键的特征结构。但是拉曼散射效应是个非常弱的过程，一般其光强仅约为入射光强的 10^{-10}。所以拉曼信号都很弱，要对表面吸附物进行拉曼光谱研究几乎都要利用某种增强效应。

弗莱施曼（Fleischmann）等人于 1974 年对光滑银电极表面进行粗糙化处理后，首次获得吸附在银电极表面上单分子层吡啶分子的高质量的拉曼光谱。1977 年，范杜昂（Van Duyne）等通过系统的实验和计算发现吸附在粗糙银表面上的每个吡啶分子的拉曼散射信号与溶液相中的吡啶的拉曼散射信号相比，增强约 6 个数量级，指出这是一种与粗糙表面相关的表面增强效应，被称为"表面增强拉曼光谱术"（surface-enhanced Raman spectroscopy，SERS）。

二、拉曼光谱快速检测技术在食品快速检测中的应用

1. 拉曼光谱技术在食品成分检测中的应用

食品的种类十分丰富，其成分因品种不同而有所差异，但综合各种食品，其营养成分主要是糖分、油脂、蛋白质和维生素。常规的化学分析方法，如液相色谱法、气相色谱法等，操作步骤烦琐，消耗化学药品，需要制备试样，而拉曼光谱技术能够克服这些缺点，因此在食品成分的分析研究中得到广泛应用。

通过拉曼谱图不仅可以定性分析被测物质所含成分的分子结构和各种基团之间的关系，还可以定量检测食品成分含量的多少。如利用傅里叶拉曼光谱获得甘蔗糖、甜菜糖的拉曼光谱，采用偏最小二乘法（partial least square method）和主成分回归法（principal component regression method）对掺杂在枫树糖浆中的甘蔗糖和甜菜糖含量进行建模，准确率达 95%。

2. 拉曼光谱在食品农药残留检测中的应用

每种农药都有其特有的拉曼特征峰，因此通过特征峰位可实现对一种或多种待测农药分子的定性或定量分析。目前，已有大量研究报道采用表面增强拉曼光谱技术，通过

简单提取，实现对痕量农药残留的快速检测，此法具有特异性强、灵敏度高和适用范围广的特点，适用的检测指标包括有机磷类、有机氯类、菊酯类、杀菌剂类和杂环类等。目前已列入快速检测标准的检测方法有SN/T 4698—2016《出口果蔬中百草枯检测　拉曼光谱法》。

3. 拉曼光谱在食品非法添加检测中的应用

拉曼光谱分析技术在食品非法添加物快速检测中的应用比较广泛，展现出巨大的应用潜力。目前已有研究报道的非法添加物包括乌洛托品、辣椒红、高氯酸盐、氯酸盐、多环芳烃、罗丹明B、苏丹红等。其中，三聚氰胺已被列入快速检测标准检测方法的有KJ 201908《液体乳中三聚氰胺的快速检测　拉曼光谱法》和SN/T 2805—2011《出口液态乳中三聚氰胺快速测定　拉曼光谱法》。

4. 拉曼光谱在食品添加剂检测中的应用

食品添加剂是为了改善食品色、香、味等品质以及为了食品防腐保鲜而加入的天然或合成物质。目前，已有相关研究报道，拉曼光谱技术可用于快速检测微量山梨酸钾、苯甲酸钠等防腐剂，用偏最小二乘法进行分析，可达到满意的浓度预测性能；可用于快速检测柠檬黄、日落黄、苋菜红、胭脂红、诱惑红、亮蓝等食品色素，前处理简单，不损害样品，能实现多成分同时检测；还可用于快速检测糖精钠、安赛蜜、阿斯巴甜、三氯蔗糖等甜味剂，检测范围内线性良好，回收率高，可进行准确快速的定量分析。

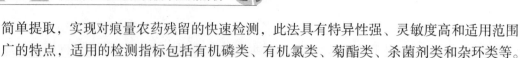

第6节　X射线荧光光谱快速检测技术

1895年，德国物理学家威廉·康拉德·伦琴（Wilhelm Konrad Rontgen）发现并识别出了X射线，此射线被称为"伦琴射线"，它是一种波长较短的电磁波，能量在$0.1\sim100$ keV。1896年，法国的物理学家乔治发现了X射线荧光。1913年，英国物理学家亨利·莫斯莱（Henry Moseley）发现了一系列元素的标识谱线（特征谱线）与该元素的原子序数存在一定的关系。这些发现都为人们后期根据原子序数而不是根据原子量大小提炼元素周期表奠定了基础，同样也为人类研制出第一个X射线荧光光谱仪打下理论基础。20世纪40年代后期，随着X射线管、光谱技术和半导体检测器技术的发展与改进，X射线荧光分析才开始进入蓬勃发展的时期，成为一种极为重要的分析手段，美国于1948年由弗利德曼（Friedman H.）和伯克斯（Birks L.S.）应用盖克计数器研制出了第一台波长色散X射线荧光光谱仪，用于矿产资源的探测与开发。

随着X射线荧光光谱技术的不断发展，单一的波长色散X射线荧光光谱仪已发展成拥有波长色散、能量色散、全反射、同步辐射、质子X射线荧光光谱仪和X射线微荧光分析仪等功能的一系列光谱仪。我国应用X射线荧光光谱技术时间较晚，主要应用于矿产资源探测、土壤分析、环境监测等领域。近几年，也开发出了在食品检测中应用的X射线荧光光谱仪。

一、X射线荧光光谱原理

X射线荧光光谱技术是利用X射线照射试样，试样被激发出各种波长的荧光X射线，把混合的X射线按波长或能量分开，分别测量不同波长或能量的X射线强度，对试样进行定性和定量分析的一种技术。

稳定的原子结构由原子核及核外电子组成，核外电子以各自特有的能量在各自的固定轨道上运行。当足够能量的初级X射线照射待测样品时，原子内层电子获得能量脱离原子核的束缚而释放，该电子壳层产生相应的电子空位，处于高能量电子壳层的电子跃迁到该低能级电子壳层来填补相应的电子空位。由于不同电子壳层之间存在着能量差，这些能量差以次级X射线的形式释放出来。因此，X射线荧光的能量或波长具有特征性，与元素有一一对应的关系。各元素的特征X射线的强度除与激发源的能量和强度有关外，还与这种元素在样品中的含量有关，根据不同元素的特征次级X射线，通过换算从而获得该元素的含量信息，见图2-10，彩图2-10。

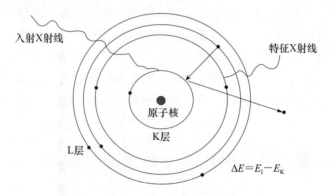

图2-10　X射线荧光产生原理

X射线荧光光谱仪根据检测器的不同，可分为波长色散型与能量色散型。其主要构成为X射线光源、聚光器、样品池、分光晶体、计数器（检测器）、脉冲放大/多道分析器、数据处理系统等，见图2-11，彩图2-11。

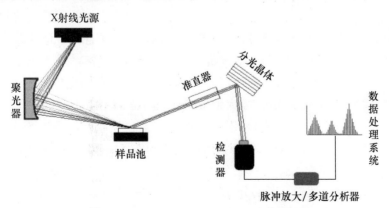

图2-11　波长色散型X射线荧光光谱仪工作原理

二、X射线荧光光谱法在食品快速检测中的应用

X射线荧光光谱法具有操作简单、检测速度快、精度高，且无损耗的特点，被广泛用于食品中的金属元素检测。

1. X射线荧光光谱法在食品污染元素检测中的应用

随着工业的不断发展，环境中来自矿产开采、工业废物等输入的有害元素越来越严重，释放的有害元素部分会进入土壤，进而污染农作物。粮食作物极易吸收有害元素，通过食物链传递，给人们带来严重的食品安全风险，因此，有害元素是食品安全检测的重要指标。近几年，X射线荧光光谱法在食品有害元素检测中的应用也越来越广泛，如可用于粮食及粮食制品、水产品、调味料、食用油等食品中有害元素铅、砷、镉、铬、汞等项目的检测，样品通过简单地粉碎或混合均匀即可进行检测，方法检出限均可达到限量值要求。

2. X射线荧光光谱法在食品矿物元素检测中的应用

X射线荧光光谱法可用于食品中钙、铁、镁、锌等矿物元素的检测，获得的元素分布模式，鉴别食品的真伪、品质、加工方式等特性。如利用X射线荧光光谱法检测不同产地大豆中锰、铜、锌、钙等多种元素的含量，建立模型，利用模型可快速判定大豆的产地；利用X射线荧光光谱法检测食品中的矿物元素，可对食品的质量进行分级；利用X射线荧光光谱法检测食品中的钙、镁、硒等元素，可判定食品的真伪、品质等。

第7节　电化学分析快速检测技术

18世纪伽伐尼发现了金属能使蛙腿肌肉抽缩的"动物电"现象，一般认为这是电化学起源。18世纪末伏打在伽伐尼工作的基础上发明了用不同的金属片夹湿纸组成的"电堆"，即现今所谓"伏打堆"，这是化学电源的雏形。在直流电机发明以前，各种化学电源是唯一能提供恒稳电流的电源。1834年法拉第电解定律的发现为电化学奠定了定量基础。

19世纪下半叶，赫尔姆霍兹和吉布斯的工作，赋予电池的"起电力"（今称"电动势"）以明确热力学含义；1889年能斯特用热力学导出了参与电极反应的物质浓度与电极电势的关系，即著名的能斯特公式；1923年德拜和休克尔提出了人们普遍接受的强电解质稀溶液静电理论，极大地促进了电化学在理论探讨和实验方法方面的发展。

20世纪40年代以后，电化学暂态技术的应用和发展、电化学方法与光学和表面技术的联用，使人们可以研究快速和复杂的电极反应，可提供电极界面上分子的信息。电化学一直是物理化学中比较活跃的分支学科，它的发展与固体物理、催化、生命科学等学科的发展相互促进、相互渗透。

一、电化学分析快速检测技术原理

电化学分析法是根据溶液中物质的电化学性质及其变化规律，建立以电位、电导、电流和电量等物理量与被测物质之间的计量关系，通过电极把被测物质的组分或浓度转换成电学参数进行测量，从而对组分进行定性和定量检测，主要用于检测食品添加剂、重金属等。电化学分析法具有以下优点：灵敏度较高、准确度高（如库仑分析法和电解分析法的准确度很高，前者特别适用于微量成分的测定，后者适用于高含量成分的测定）；测量范围宽（电位分析法及微库仑分析法等可用于微量组分的测定；电解分析法、电容量分析法及库仑分析法则可用于中等含量组分及纯物质的分析）、价格低廉；仪器的调试和操作都较简单，容易实现自动化。

电化学分析法主要有：①电导分析法，以测量溶液的电导为基础的分析方法。②电位分析法，用一指示电极和一参比电极与试液组成化学电池，在零电流条件下测定电池的电动势，依此进行分析的方法。包括直接电位法和电位滴定法。③电解分析法，应用外加电源电解试液，电解后称量在电极上析出的金属的质量，依此进行分析的方法。也称"电重量法"。④库仑分析法，应用外加电源电解试液，根据电解过程中所消耗的电量来进行分析的方法。⑤伏安分析法，是指以被分析溶液中电极的电压-电流行为为基础的一类电化学分析方法。包括极谱法和伏安法。

二、电化学分析技术在食品快速检测中的应用

电化学分析技术具有成本低、灵敏度高、检测速度快、能耗少、稳定性能突出等特点。随着纳米技术、表面修饰技术以及新材料合成技术的不断发展，尤其是智能化、便携化电化学仪器的出现，使得电化学分析技术在食品快速检测中显示出独特的优势。已有研究报道，电化学分析技术可用于快速测定食品中添加剂亚硝酸盐、苯甲酸酯，以及日落黄、柠檬黄等；基于微流控纸芯片的纸基电化学免疫传感器装置可用于对金黄色葡萄球菌、沙门氏伤寒杆菌等食源性致病菌的快速检测，显著减少检测时间；近年来，市面上出现了基于丝网印刷电极的便携式电化学检测仪，该类产品具有成本低、即插即用等特点，在重金属离子检测方面具有良好的应用前景。目前，基于电化学分析原理的快速检测方法有 T/JAASS 8—2020《出口果蔬中毒死蜱 免疫层析电化学检测技术》、T/KJFX 003—2021《谷物和奶粉中镉和铅的快速测定 阳极溶出伏安法》、SN/T 3627—2013《出口液态原料乳中三聚氰胺的测定极谱法》等。

第 8 节　实时荧光定量PCR快速检测技术

聚合酶链式反应（polymerase chain reaction）即 PCR 技术，是一种在生物体外把少量初始样品中的特定 DNA 序列进行大量扩增的核酸合成技术。实时荧光定量 PCR （real-time quantitative PCR，qPCR）是在PCR反应体系中加入荧光化学物质，对PCR产物进行标记跟踪，在扩增过程中，荧光信号随着PCR产物的增加而增强，从而实现对PCR反应进程的实时监测，并结合相应软件对PCR扩增产物进行分析。1985年，佐佰（Saiki）等最早发现PCR反应。1992年，日本学者首次采用动态PCR方法和封闭式检测方式对目的核酸数量进行定量分析，首次提出qPCR技术的概念。1995年，美国PE公司成功研制TaqMan技术，1996年又推出首台荧光定量PCR检测系统。近年来，随着分子生物学检测技术的进步，以DNA为基础的PCR技术因特异性强、灵敏度高以及简单快捷等特点得到普遍认可。

一、qPCR快速检测技术原理

PCR反应是在加热模块里面进行的热循环反应，理论上每经历一个循环，反应体系中的特异性核酸序列数目增加一倍。每个循环包括变性、退火和延伸三个基本步骤。①变性：在加热和相关酶作用下，双链DNA变性裂解成为单链DNA；②退火：引物与DNA模板结合，形成局部双链；③延伸：通过酶促延伸引物与单链DNA形成新的双链DNA模板。

qPCR有两种标记方法，荧光染料法和荧光探针法。

1. 荧光染料法

常用的荧光染料包括SYBR Green、Eva Green和Pico Green等，其中SYBR Green应用最为广泛。在PCR反应体系中加入过量SYBR Green，SYBR Green非特异性地与双链DNA结合产生荧光，SYBR Green不结合单链DNA，游离状态下不受激发，无信号检测，从而保证荧光信号强度与反应体系PCR产物的增加成正比。荧光染料法不需要设计和合成复杂的探针，具有灵敏度高、价格便宜、通用性强等特点，但是SYBR Green会与反应体系中非特异性的双链DNA结合产生假阳性的信号，影响实验结果的准确性。

2. 荧光探针法

TaqMan探针是最常见也是应用最广泛的水解探针，可与互补靶序列进行特异性结合。其5′端标记报告基团，3′端标记淬灭基团，探针结构完整时，报告基团和淬灭基团的空间距离维持在很近的范围内，5′端荧光报告基团吸收激发光能量后，将能量转移给临近的3′端荧光淬灭基团，检测不到报告基团的荧光信号；而在PCR延伸时，探针结构被破坏，报告基团和淬灭基团的空间距离发生改变，淬灭基团无法发挥作用，受激发光激发后，报告基团发出的荧光信号可以被检测到。TaqMan探针具有特异性高、引物设计相对简单、重复性好等优点，但荧光探针不能自行标记，且合成价格较高。

PCR反应过程中，每经过一个循环收集到一次荧光信号，形成一个荧光信号数据点。每个循环结束后，仪器对所有反应孔依次收集每个荧光通道的信号，通过软件拟合出扩增曲线，从而根据荧光强度的变化来监测产物量的变化。扩增曲线一般分为基线期、指数增长期、线性增长期和平台期。在基线期，强背景信号掩盖了微弱的荧光信号，故此时期无法对模板的起始量进行分析。反应进入平台期，反应管内的 dNTP、酶等被耗尽，反应环境已不适合 PCR 反应的进行，此时的 PCR 产物不再增加，荧光信号达到水平状态，且同一模板的扩增曲线在该时期重复性差、可变性高，故在这一时期同样不适合进行模板初始量的分析。在线性增长期，虽然 PCR 反应仍在进行，但产物已不再呈指数增加，在该时期也不适合模板初始量的分析。在指数增长期，反应各组分均过量，反应所需的环境适中，聚合酶活性仍较高，该时期的扩增效率高，产物数量以指数形式增加，且与初始模板量呈线性相关，所以选择在这一时期对产物进行分析。

二、qPCR 技术在食品快速检测中的应用

近年来，随着科学技术的发展和食品检测的需要，qPCR 技术在快速检测食品的掺杂掺假、转基因和微生物检测等方面发挥重要作用。

1. qPCR 技术在掺杂掺假食品检测中的应用

羊乳含有丰富的蛋白质、脂肪、矿物质和维生素等，更利于人体消化吸收，同时羊乳中不含过敏性蛋白，特别适合婴幼儿、老年人和身体虚弱者饮用。但相对而言，羊乳的产量非常有限，羊乳掺杂掺假现象极为普遍，市场上一些不法分子为了降低成本而在其中掺入牛乳或豆浆。目前已建立羊乳中掺杂掺假的 qPCR 快速检测方法。此外，骆驼乳及乳制品具有较高的食用和药用价值，其产品价格也超出牛乳及其乳制品，qPCR 技术能够有效鉴别骆驼源性乳制品的掺杂掺假行为。

肉类掺杂掺假也是广大消费者关注的焦点之一。一些不法商贩、企业在牛、羊等高价肉制品中掺杂猪、鸭等低价肉原料，用低价肉或非肉成分冒充高价肉，用非原产地产品冒充原产地产品等手段以谋取不当利益。作为对肉类掺假进行监管的有效手段，基于 qPCR 技术的猪、牛、羊、驴等动物源性成分检测技术已日益成熟，并实现了在同一 PCR 反应体系里加入多对引物，同时检测猪、牛、羊、禽类等多种肉类成分的多重 PCR 鉴定。目前，该技术已被作为检测肉制品掺杂掺假的标准方法（GB/T 38164，SN/T 3730，SN/T 3731 等）。

传统的药食同源物质鉴别，主要是形态学鉴别和有效成分检测鉴别，采用显微鉴别和薄层色谱鉴别等方法。这些传统方法对样品的完整度和干燥度有一定要求，且相对误差大，实验人员必须具备较高的药材鉴别经验。由于药食同源物质品种较多，分散种植、药源植物来源、土壤环境等导致相同品种间存在遗传差异，传统鉴别方法具有较多的局限性。我国的人参栽培历史悠久，由于不同人参品种在各地的栽培群体中混杂分布，导致品种混乱，人参缺乏快速准确的品种鉴定方法。采用 qPCR 技术能够实现人参的品种鉴定和田间快速筛选。

2. qPCR 技术在转基因食品检测中的应用

转基因技术能够通过分子生物学的手段将外源的特定基因导入植物受体中，使外源基因整合到植物基因组中稳定遗传，从而使植物获得特定基因表达的性状。1999 年，

qPCR技术首次应用于食品中转基因玉米和大豆的检测，为日后该技术在转基因食品检测中的应用提供了参考。在我国转基因大豆占据重要市场，采用qPCR技术对转基因大豆及其深加工产品进行检测，缩短了检测时间，提高了检测效率，为转基因大豆及其制品的快速检测提供有效方法。目前已建立蛋白粉中转基因成分、转基因玉米以及转基因水稻等多种转基因食品的qPCR检测方法。

3. qPCR技术在食品微生物检测中的应用

致病菌污染引起的食源性疾病在国内外频繁发生，成为影响食品安全的重要因素。相关研究报道证明，qPCR技术能够检测多种类型食品中不同致病菌。

即食食品由于方便快捷等优点已成为广大消费者推崇的热销食品，即食食品在制作销售过程中，微生物性"二次污染"的可能性加大，增加了致病菌污染风险。采用qPCR技术对散装即食肉制品中沙门氏菌、金黄色葡萄球菌和蜡样芽孢杆菌3种致病菌进行快速检测，为监管部门进行散装即食肉制品中病原微生物风险监测提供技术支持。

乳品营养丰富，消费量逐年上升，而致病菌污染是影响乳品安全最主要的因素之一，采用qPCR技术对乳品中检出率较高的沙门氏菌、单核细胞增生李斯特菌、金黄色葡萄球菌和克洛诺杆菌属4种食源性致病菌进行快速检测，对保障乳品品质和安全具有重要意义。乳酸菌是白酒发酵过程中产生风味物质的优势菌种，其种类和数量的变化对白酒酿造至关重要。采用qPCR技术对白酒中的乳酸菌进行定量检测，研究白酒发酵过程中乳酸菌分布特征及消化变化，对于指导白酒生产具有重要意义。在自然发酵肉制品中，木糖葡萄球菌、肉葡萄球菌、腐生葡萄球菌、表皮葡萄球菌、马胃葡萄球菌和松鼠葡萄球菌通常是占据优势地位的葡萄球菌菌种，它们对发酵肉制品风味品质和色泽的形成起着重要作用。采用qPCR技术快速准确地识别和鉴定自然发酵肉制品中的葡萄球菌，可大幅提高优良肉制品发酵剂葡萄球菌菌株的筛选鉴定效率，也有利于建立基于葡萄球菌菌群变化的发酵肉制品质量监控技术。

qPCR技术在快速检测方面具有很大的优势：相比于传统检测方法，qPCR技术具有自动化程度高、特异性强、高效、快捷等特点；其检测过程不会花费太多人力和物力，只需要一人就能完成；与传统PCR技术相比，qPCR技术不需要凝胶电泳就能实现对起始模板定量及定性分析，节省时间的同时提高了检测的准确性、灵敏性和特异性。qPCR技术还存在一些不足，如设备成本高、检测所需的引物和探针价格较高、需要培训专业技术人员来操作、样品中可能存在抑制PCR进程的物质等。

未来可在现有研究基础上，优化设计引物和探针的操作，降低检测成本，扩大使用范围，解决导致检测结果假阳性的问题，使qPCR技术拥有更大发展空间。

第9节   微生物快速检测技术

微生物存在于世界的各个角落，食品在生产加工、流通、存储、运送和销售中的任何环节都可能发生微生物污染，产生食品安全风险，进而威胁食用者健康。食品微生物检测的主要指标为菌落总数、大肠菌群、霉菌与酵母及致病菌。其中，菌落总数主要是指食品在规定的培养条件下所生成的细菌菌落总数，是判定食品被细菌污染程度的标志；大肠菌群均来自人或温血动物肠道，会随着大便排出体外，是评价食品加工过程中卫生质量的重要指标之一，常用作粪便污染指标，以检出情况判定食品是否被粪便污染；霉菌和酵母菌会使食品腐败变质，常作为衡量食品卫生质量的指标菌；致病菌是能够引起人们发病的细菌，例如沙门氏菌、金黄色葡萄球菌等会引起食物中毒，因此在食品检测中要求不得检出。国家为此制定了相应的检测标准，通过标准进行微生物检验时，需要用专业的仪器以及技术设施，在符合要求的环境下开展检测工作，才可以确保检验结果的真实性和准确性。微生物检验工作的特点如下：①涉及的微生物范围广泛，包括大肠菌群、致病菌等，对检验的要求较高，需要对采样和检验环节的严格把控，规范开展检验工作。②检验的细菌数量不多，对实验干扰性较大。一般来说，致病性微生物数量比较少，加之经过再加热处理，难以被精准检验，需要增菌后进行进一步鉴别，增加了检验难度。③检验要求高。而传统检测方法不仅效率低，通常需要2~7天，且需要耗费较多的人力、物力和财力。为此，人们相继提出了一系列简便、快捷、敏感、准确的检测新思路。1995年，德国学者弗尔格（Forg）发明了一种简单快速的大肠菌群检测法（纸片法），使检测周期缩短了20%，成本降低了30%，同时大大简化了操作程序。微生物快速测试片检验技术基于其操作过程较为简单，保存与运输携带较为便利，经济实惠，且对环境污染小等优点，使得基层食品微生物检测实验室对其极为青睐。

一、快速测试片检测技术原理

快速测试片是指以纸片、纸膜、胶片等作为培养基载体，将特定的培养基和显色物质附着在上面，通过微生物在上面的生长、显色来测定食品微生物的方法。结合传统的微生物检验方法，快速测试片中培养基载体即为微生物的生长场所，培养基为微生物的养料，显色剂则为微生物的特异性显示。快速测试片包括培养基载体、培养基和显色剂三部分。

1. 培养基载体

作为微生物的生长场所，培养基载体既要满足微生物所需的水分，也要满足营养物质和显色物质更好地储存、微生物在生长过程中能够更好地附着在上面的要求。因此培养基载体的选择尤为重要，是快速测试片检测技术的基础保障。培养基载体常见的有以滤纸、Petrifilm复合膜等为载体的测试片。

（1）以滤纸为载体的测试片：其原材料为滤纸，是通过毒害物质、密度与吸附力等筛查选取，通常情况下，滤纸大小为4.0 cm×5.0 cm。将无菌滤纸放入适量的显色物质与特定的培养基中进行吸附，干燥处理后，放置并密封于聚丙烯袋中。

（2）以Petrifilm复合膜为载体的测试片：是3M公司开发研制的，用于微生物快速检测，其主要由上、下两层薄膜组成。上层由塑料薄膜（密封，捕获气泡）、黏合剂

（使培养基均匀分布）和指示剂（特异性显色反应）混合物、冷水可溶性凝胶（避免热损伤）组成；下层由培养基、黏合剂，以及印有方格的塑料涂布滤纸（准确计数）组成，上、下两层通过多层涂布技术制作（见图2-12，彩图2-12）。

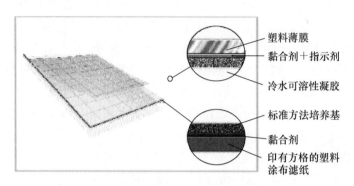

图2-12　3M™Petrifilm™测试片组成

Petrifilm复合膜已得到美国分析化学家协会的认可，在食品微生物检测中有着良好的应用。这种纸片使用了水合物干膜，使菌落更好地附着生长，便于对菌落进行准确计数。

2. 培养基

培养基作为微生物的养料，与传统微生物检测方法中的培养基类似，快速测试片的培养基是由不同营养物质组合配制而成的营养基质，含有丰富的碳水化合物、含氮物质、无机盐（包括微量元素）、维生素和水等。培养基配制后进行pH调节并进行灭菌，与显色剂混合后使用。

3. 显色剂

显色剂作为微生物的特异性显示，根据不同的生化特性，选择合适的显色剂是快速测试片检测技术的关键。其主要依据为待测微生物的生长对营养物质的分解、代谢产物，以及对特殊营养物的需求不同而选择不同的显色剂。

微生物在纸片上的显色有多种途径：

（1）利用微生物分解营养物质产酸或产碱的特点，在培养基中加入一定的酸碱指示剂，通过菌落或菌落周围的颜色确定微生物的类别与数量。如基于染色法的大肠菌群测试片。

（2）利用微生物生长产生的特异性酶或物质与显色剂反应，产生的特异性颜色，确定微生物的类别与数量。如基于荧光法的大肠埃希菌纸片。

（3）利用微生物能够代谢或分解某种特定物质，其代谢或分解产物与显色剂反应，产生的特异性颜色确定微生物的类别与数量。如菌落总数测试片。

（4）在培养基中加入特定的抑菌剂，可抑制目标菌以外的菌种的生长，达到分离检测的目的。如霉菌酵母测试片。

二、快速测试片检测技术在微生物检测中的应用

快速测试片检测技术在微生物检测中应用广泛，其检测方法大致相同，与传统检测方法比较省去了前期的配制工作，根据所需检测项目，选择适合的测试片，将待测样品进行称取、混匀、稀释后吸取适量待测液加到测试片上后，在适合的温度环境下培养、观察（操作过程见图2-13，彩图2-13）。

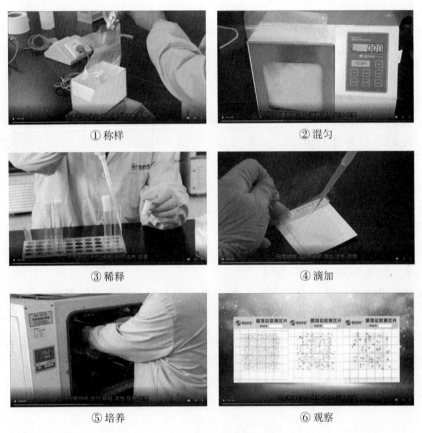

① 称样　　　　　　　　　　　② 混匀

③ 稀释　　　　　　　　　　　④ 滴加

⑤ 培养　　　　　　　　　　　⑥ 观察

图2-13　快速测试片检测操作过程

测试片的种类根据微生物检测指标可分为菌落总数检测、大肠菌群检测、霉菌与酵母检测及致病菌检测四大类。

1. 菌落总数检测

市面上常见的菌落总数检测有以滤纸、Petrifilm复合膜为载体的测试片。其中以滤纸作为载体的测试片是将2,3,5-氯化三苯基四氮唑（triphenyl tetrazolium chloride，TTC）加入无菌培养基中，固定在载体上，制备成菌落总数测试片。培养基提供了微生物生长所需的环境，TTC为显色剂。微生物在生长过程中吸收TTC，使之渗入细胞内，其中的脱氢酶就可以将TTC作为受氢体使之还原成为三苯甲基酯而呈红色，计算其红点的数量，可以获得菌落总数。当使用这一方法对细菌进行检测时要科学合理控制

TTC的使用，用量过多会抑制微生物的生长，过少则会使微生物显色不明显，从而影响后续的检测结果。专业人员在测试时，还需合理控制培养基的温度，一般控制在37℃左右，测试时间大约为17小时。在使用以Petrifilm复合膜为载体的测试片时，将1 mL样品滴入纸片中央，然后将原本翻开的胶片进行回盖操作，从而保证样品的均匀性。为了保证凝胶的固化作用，需要静置1 min，这一测试方法也需要在37℃的培养箱中培养，其培养时间大约为48小时。因其培养时间较长，所以检测的准确性有所提高。

2. 大肠菌群检测

大肠菌群是一群能在36℃条件下培养48小时，发酵乳糖、产酸产气的需氧和兼性厌氧革兰氏阴性无芽孢杆菌。根据大肠菌群的生长特性，市面上有以滤纸为载体的基于染色法的大肠菌群测试片、基于荧光法的大肠杆菌纸片，以Petrifilm复合膜为载体的大肠菌检测纸片。

（1）基于染色法的大肠菌群测试片：在大肠埃希菌培养基中加入TTC与溴甲酚绿指示剂，并调节培养基的pH值为6.5～7.0。将培养基固定在载体上，制备成大肠菌群测试片。另外，控制培养时间约为17小时。因为溴甲酚绿指示剂遇酸变黄，大肠菌群生长过程中产酸产气，如果发现红色斑点，并且外周伴有黄晕，则代表阳性。生物酶作用的特异性以及培养液的选择性，是影响大肠菌群测试片效果的关键因素，在检测工作中，需要严格管控琼脂粉以及TTC的用量。琼脂粉和TTC过多均会抑制大肠菌群的生长，琼脂粉过少，营养物质则不容易附着在测试片上，TTC过少也会影响对大肠菌群的观察，影响后续的检测结果。

（2）基于荧光法的大肠杆菌纸片：细菌会导致特异性代谢酶、代谢产物的出现。通过采用大肠杆菌纸片荧光法检测微生物时，主要通过大肠菌落相关酶的活性，对微生物进行定量计数。通常情况下，应该将培养的温度控制在37℃，选取365 nm左右的荧光灯波长，能够对0～4 cfu/mL的微生物进行检测。

（3）大肠菌检测纸片：在大肠菌检测纸片中，使用改良的VRBA培养基以及葡萄糖苷酸酶指示剂。针对β-葡萄糖苷酸酶，主要由大肠埃希菌产生，通过指示剂的不断作用，可以形成蓝色的沉淀物，发酵乳糖产生气体，利用胶膜的作用，从而与各个气泡相连接，通常情况下，菌落会呈现出蓝色或者深蓝色。除此以外，由于存在大肠菌群菌落，因此，在培养基中会呈现出暗红色。由此可见，在对大肠菌群进行检测的过程中，必须要计数产生的气泡。通过观察气泡数量以及颜色，从而对大肠埃希菌以及大肠菌群含量做出精确的判定。

3. 霉菌与酵母检测

在霉菌与酵母培养基中加入抑菌剂氯霉素、显色剂5-溴-4-氯-3-吲哚磷酸二钠盐和4-硝基苯棕榈酸酯，将培养基固定在载体上，制备成霉菌与酵母测试片。在测试片上，氯霉素可抑制细菌的生长，霉菌与酵母的代谢产物与显色剂反应，形成蓝绿色菌斑，可直接计数。市面上常见的是以Petrifilm复合膜为载体的测试片，与传统方法相比，省去了配置培养基、消毒和培养器皿的清洗处理等大量辅助性工作，即开即用，操作简便。

培养时间由 1 周缩短为 2～3 天。

4. 致病菌检测

目前食源性疾病主要是由食源性病原微生物所引起，包括弯曲杆菌属、单核细胞增生李斯特菌、沙门氏菌、金黄色葡萄球菌、产气荚膜梭菌、大肠埃希菌 O157：H7 和其他产志贺毒素的大肠埃希菌菌株和弧菌等。因致病菌的检测专一性较强，所使用的技术主要以 PCR 检测技术和试剂盒检测技术为主。测试片检测方法假阳性率较高，问题需进一步确证。常见的致病菌测试片有沙门氏菌测试片和金黄色葡萄球菌测试片。

（1）沙门氏菌测试片：沙门氏菌多为肠道细菌，能够引起食物中毒，导致肠胃炎、伤寒和副伤寒。沙门氏菌通过食物链传播，已经成为近年来最常见的食源性致病菌。肠炎沙门氏菌感染通常源于奶制品、禽产品和肉产品，鸡肉和鸡蛋尤其是高风险食品。沙门氏菌测试片含有选择性培养基、沙门氏菌特有辛酯酶的显色指示剂和高分子吸水凝胶，运用专利技术，做成一次性快速检测产品，一般培养 15～24 小时就可确认是否带有沙门氏菌，适合各级检验部门和食品企业使用。

（2）金黄色葡萄球菌测试片：金黄色葡萄球菌是人类最常见的致病菌之一。其侵袭力强，能产生多种致病物质，如肠毒素、凝固酶等，可引起化脓性炎症、毒素性疾病及葡萄球菌性肠炎等。金黄色葡萄球菌所引起的中毒事件已成为世界性公共卫生问题，我国每年由金黄色葡萄球菌引起的食物中毒事件屡有报道。

金黄色葡萄球菌测试片含有选择性培养基和专一性的酶显色剂，运用专利技术，做成一次性快速检测产品，一般培养 15～24 小时就可确认是否有病原菌的存在，极大地简化了检测程序。

快速测试片可测量少量样品，整个操作过程较为简单，便于消毒保存和运输携带。快速测试片的价格较低，不会对环境造成污染，在减少工作量的同时降低了成本，适用于我国食品实验室微生物的检测。

另外，快速测试片法可以在取样的同时进行接种，在一定程度上避免了细菌繁殖造成的数量增多现象，可以反映样品的真实细菌数。快速检测法不须特定温度，检测前也无须进行大量的准备工作，缩短了试验过程，提高了测试效率，能及时将检测结果反馈给用户。

目前，我国对快速测试片法的研究已有一定成效，但部分快速测试片法仍存在一定问题。例如，滤纸滤孔过大，双面都有菌落生长，无法计数，且滤纸保水性较差，在检验过程中，不能保持合适的湿度，导致菌体的生长较差；另外，滤纸检验卡上营养物质分布不均匀，样品中的细菌不能迅速扩散，进而导致菌体生长分布不均匀；快速测试片的显色指示剂系统较为单一，不能对细菌、真菌进行有区别的计数等；部分测试片上覆盖有一层薄膜，如果细菌产气、产黏液较多，会出现菌落的扩散和融合，也会使最终结果存在一定的误差。

测试片已经在我国食品微生物的检测中有了一定的发展，但其仅局限于几个单一的指标检测，因此，需要开发更为优质的载体以及更高效的显色物质，推出更为有效、准确、种类齐全的快速测试片，从而满足日常检测和监管的需求。随着纸片法食品微生物检测技术的不断发展，纸片法会在食品微生物检测、监控等方面发挥越来越大的作用。

第10节　ATP生物发光检测技术

三磷酸腺苷（adenosine triphosphate，ATP）是由1分子核糖、1分子腺嘌呤和3个相连的磷酸基团构成的核苷酸，普遍存在于生物细胞中。ATP是构成一切生命活动所需能量的直接来源，是生物细胞内特殊的自由能载体。当活体细胞裂解或死亡后，在胞内酶的作用下，ATP很快被分解并释放出大量的能量。美国生物学家最早提出利用萤火虫生物发光确定细胞内ATP含量，证实了ATP是影响生物发光反应的关键因素，阐述了ATP生物发光原理，引入了荧光素酶-ATP检测法；1975年，托雷（Thore）等以患者的尿液标本为研究对象验证ATP生物发光技术与平板菌落计数法呈正相关。1983年，日本学者首次提出细胞内源性ATP的含量可以反映细胞活性和活细胞数量。格罗鲁斯（Gronroos）等证实ATP生物发光技术是一种可靠、灵敏度高的能够确定细胞活性度的检测方法。1993年，波利斯（Poulis）等研究发现ATP生物发光技术检测物体表面清洁度的检测结果与标准平板菌落计数法的检测结果有很好的相关性。20世纪80年代，英国学者率先研制出ATP生物发光检测系统，随后发展到美国和日本。20世纪90年代，ATP生物发光技术引入我国，经过多年发展，目前已在我国食品工业、医疗卫生等领域得到广泛应用。

一、ATP生物发光技术检测原理

ATP生物发光技术是在Mg^{2+}和荧光素酶E的作用下，ATP与荧光素LH_2产生腺苷酰化后被活化，而荧光素在被活化后结合荧光素酶形成荧光素-AMP复合体，且会有焦磷酸（pyrophosphoric acid，PPi）产生。当分子氧将复合体氧化后，会有激发态复合物P*-AMP形成，并有CO_2产生。而该复合物由激发态朝着基态转化期间会有光射出。在其他反应物过量的情况下，荧光强度与ATP含量成正比，因此，可以通过测定荧光强度来间接测定样品中ATP的含量。即待测样品中微生物数量越多，ATP含量越高，发出的荧光越强。具体反应过程如下：

$$E+LH_2+ATP \xrightarrow{Mg^{2+}} E \cdot LH_2\text{-}AMP+PPi$$
$$E \cdot LH_2\text{-}AMP+O_2 \longrightarrow [P^*\text{-}E \cdot AMP]+CO_2$$
$$\downarrow$$
$$E\text{-}P+hv+AMP$$

ATP生物发光技术步骤为：首先对ATP生物发光值及样品微生物含量标准曲线进行绘制，随后在取样、ATP提取、酶反应试剂添加、样品微生物ATP发光值测定完成之后，以标准曲线为依据对样品中微生物实际数值进行测定。

二、ATP 生物发光技术在食品快速检测中的应用

当前的食品生产与监督等工作强调现场检测、现场整改，而传统的平板菌落计数法却无法满足即时检测要求，ATP 生物发光法在时效性上具有明显的技术优势。采用 ATP 生物发光技术检测水中细菌含量，保证了饮用水中的生物稳定性。乳品微生物检测是控制乳品质量安全的重要技术手段，采用 ATP 生物发光技术能够实现乳品中微生物的快速检测，也为 ATP 生物发光技术在食品质量安全方面的应用提供了理论支撑。啤酒酿造过程中的有害微生物及有机质残留检测与控制是防止微生物污染、保障啤酒质量的主要控制因素。采用 ATP 生物发光技术建立表面短乳杆菌总数、水质短乳杆菌浓度和啤酒有机质残留预测模型，对啤酒酿造过程中卫生学检验提供有效的实时监控。微生物检测是检验餐饮器具消毒质量的主要手段，ATP 生物发光技术操作简便，可在短时间内对批量餐具做出消毒质量检测，能有效降低餐具消毒不彻底导致食源性疾病发生的可能性。采用 ATP 生物发光技术对肉品加工环境中的人员手部和设备实施清洁度评估，适用于肉品加工中清洁度的现场快速检查，为肉品行业在线实时监控提供科学依据。

ATP 生物发光技术反应简单，整个检测过程仅需几分钟，能够满足现场快速检测的需求，实现流动状态即时检测；仪器操作简便，可直接读取结果，携带方便，灵敏度高，重现性较好，不需要培养过程和大型设备即可完成测定，对操作人员专业技术水平要求低。ATP 生物发光技术还存在一些不足，比如，干扰因素较多，ATP 检测值的准确性易受盐等成分的干扰以及游离 ATP 和体细胞的干扰等；不能做细菌鉴定，相对光单位与菌落形成单位之间没有直接关系，也无法对细菌种属进行鉴定；仪器设备及耗材价格相对较高，成本的预算问题使其在实际工作中的应用受到一定限制。

第 3 章

食品快速检测技术培训

食品快速检测技术培训是食品快速检测工作的重要组成部分，对于做好食品快速检测工作规范化、读懂相关法律法规、做好快速检测过程质量控制、提高检验检测人员能力具有十分重要的意义。

第1节　基　本　要　求

一、培训目标

食品快速检测培训是以提高快速检测技术人员综合能力为目标，通过法律法规、理论知识、实践技能、质量管理等知识和技能的培训，建立快速检测规范化意识，掌握快速检测的工作方式，全面提高基层快速检测技术人员的理论和技术水平，保障快速检测工作按要求开展。

二、培训对象

食品安全监管部门、食品检测机构、食品生产经营企业或市场开办者等从事食品快速检测操作及其他相关技术工作的人员。

三、培训组织与管理

开展食品快速检测的单位负责制订培训计划，积极创造培训条件，组织并安排从事快速检测工作的相关人员参加培训活动。

四、培训方式

根据培训对象、培训条件、培训内容，可采取培训研讨、专项培训、自学等多种方式，培训内容大纲参见本书附录2。

（1）培训研讨：以课堂讲授为主，并安排讨论、答疑等授课环节。

（2）专项培训：以典型快速检测方法的应用为例，安排技术观摩、带教实践等培训。

（3）自学：快速检测人员可按照大纲要求对快速检测法律法规、基础理论、操作技能等进行自修。

　　培训实行登记制度，应详细登记培训内容、形式和参加人员情况，并做好相关资料的留档，以备检查。

第2节　培 训 内 容

一、人员及场所要求

（一）人员要求

　　从事食品快速检测的人员应经过专业培训后方可上岗。需要掌握的内容主要包括理论知识和实验操作两个方面。

1. 理论知识

（1）食品安全法律法规，食品安全标准体系。

（2）快速检测技术原理和快速检测方法。

（3）快速检测常见检测项目。

（4）快速检测样品管理，包括抽样、运输与贮存等。

（5）快速检测产品（包括试剂、耗材和仪器设备）管理，包括快速检测产品评价要求以及日常保存、必要的校准、维护、保养等。

（6）快速检测的基本操作、结果判读、实验记录、汇总上报和检测信息公布等。

（7）快速检测质量控制的要求和做法。

（8）实验室安全、个人防护和废弃物处理等。

2. 实验操作

（1）正确使用烧杯、量筒等实验器具以及天平、离心机等快速检测辅助设备。

（2）准确理解快速检测方法和产品操作说明书，掌握标准操作程序。

（3）正确判读快速检测结果，并且能够对常见的异常结果进行原因分析。

（4）正确记录检测过程和检测结果。

（5）掌握快速检测质量控制方法，可通过阴性、阳性质控样品或加标等方式监测试验的有效性。

（6）新进人员经培训后，在正式开展快速检测工作之前，应反复多次进行操作练习，以熟练掌握快速检测技能和操作要求。按照快速检测方法或产品说明书，独立完成检测操作。建议选取不同原理的代表性快速检测方法，每种方法完成不少于20份已知结果的盲样检测，结果准确率应在90%以上。

3. 人员监督考核

　　未经正规培训的人员不得从事快速检测工作。考核不合格的人员，需分析原因并纠正后方可继续开展工作。培训考核大纲见本书附录3。

除上岗前培训外，为保证人员能力持续满足快速检测工作要求，每年应开展至少1次岗位再培训，并进行登记。

（二）场所要求

食品快速检测所需设施设备（包括快速检测车、室、仪、箱等）相较常规食品检测实验室要求简单，开展食品快速检测的单位可根据实际需求，统筹考虑检测场所设置，有效开展快速检测。

1. 基本条件

（1）有独立的检测室（或至少有专用操作台），空间面积适宜，与周边隔离，并有明显的标识。有条件的可设置专门的试剂间、样品间等。

（2）应有供电、通风、上下水及安全保障等基础设施，并保证温度、湿度、空气清洁度等环境条件能满足快速检测试验要求。

（3）配备规范的灭火器、急救箱等安全防护设备，并定期检查其功能的有效性，确保快速检测工作在安全条件下进行。

2. 设备及试剂耗材管理

（1）根据检测需求，配备快速检测所需仪器设备及辅助装置，至少应包括：冰箱、移液器、离心机、超声仪、常用耗材、玻璃器皿、防护用品和恒温设施等。

（2）快速检测产品应建立管理台账，记录生产厂家、规格、检出限、批号、数量、到货日期、有效期、领用人、领用日期等相关信息。

（3）对快速检测结果的准确性或有效性有重要影响或对计量溯源性有要求的仪器设备应按期检定或校准，并有唯一性标识、状态标识和有效期。定期更新升级设备的软件系统。建立完整的仪器设备档案，包括购置文件、验收信息以及使用、检定、校准和维护保养等记录。

（4）标准物质、质控样品和试剂耗材应当进行验收，按条件保存，合理使用，定期检查库存量，并确保在有效期内使用。

（5）对于试剂耗材等废弃物，应进行无害化处理或交由持有危险废物经营许可证的单位收集或处理。

二、抽样及流转

快速检测样品从抽样到流转的各个环节均需要实施有效控制。应当清晰标注样品唯一性标识，并规范样品的抽样、接收、储存、检测、处置等工作，避免混淆、丢失、变质、损坏等影响快速检测工作的情况出现。

（一）抽样环节

（1）抽样人员应选择政治素质过硬，具有一定专业知识，沟通能力和应变能力较强的人员。

（2）抽样人员不少于2名，着工作服、戴手套。抽样前，事先准备好样品袋、样品箱、手套、照相设备、封条、采样单等必要的工具和文件，并保证接触样品的工具洁净、干燥，不会对样品造成污染。

（3）不得有意回避或者选择性抽样，不得预先通知被抽样单位。抽样人员主动向被抽样单位出示有效身份证件，并告知快速检测性质、食品品种等相关信息。

（4）抽样人员应记录被抽样单位的营业执照或许可证等可追溯信息。抽样人员从食品生产经营者的待销产品中随机抽取样品，不得由被抽样单位人员自行提供样品。

（5）抽样人员应当详细记录抽样信息，包括被抽样单位信息、被抽样单位地址、样品信息和生产者信息等。填写完毕后，在被抽样单位人员面前封样，双方共同签字盖章，确保样品不可拆封、真实完好。必要时，可通过拍照、录像等方式记录抽样过程。

（6）抽样人员应向被抽样单位支付样品购置费并索取发票（或相关购物凭证）。

（7）样品应尽快开展检测。如不能现场开展检测，应尽快移交至快速检测实验室。对于有储藏温度或其他特殊储存条件要求的样品，应当采取适当措施（装箱固定、冷藏冷冻等）运输储存，保证样品完好。

（8）抽样数量

抽样数量根据检测参数和试样需求量确定。样品量应包括待测样和余样。待测样和余样的样品量一般不少于固体50 g，液体50 mL。水产品和畜禽组织样品可适当增加抽样量，确保试样经处理制备后，还有足够数量满足检测要求。特殊或贵重样品可在满足检测方法要求的前提下抽取样品最小包装。

（9）抽样代表性

液体样品均匀性较好，对于样品量较小的样品，通常可在搅拌下直接用瓶子或取样管取样。当样品量较大时，人为搅拌效果不佳，此时可从不同的位置和深度分别采样，以保证样品代表性。

固体样品更容易受到不均匀性的影响，如呕吐毒素、玉米赤霉烯酮等真菌毒素在谷物样品中的分布极不均匀。建议采样时应多点、随机、均匀取样，保证样品每个部位都有相同的概率被取到。

（二）流转环节

（1）接收：对样品数量、包装、状态以及采样单信息逐项查对、验收、登记。

（2）检测：收到样品后尽快开展试验，严格按操作规范进行检测，做好试验记录。

（3）处置：快速检测样品保存应不少于1天，复检备份样品按《食品安全抽样检验管理办法》的相关规定保存。阳性样品应及时进行无害化处理。

建立样品管理台账，对样品编号、名称、食品类别、数量、采样时间、检测项目、结果判定、阳性样品处理方式和时间等信息进行记录。

第3节 样品检测及注意事项

快速检测的检测流程一般包括试样制备、提取净化、测定及判读结果。每批样品需同时进行质控试验。初测结果为阳性时应重新取余样复测，取双份样品平行测定，双份结果均为阴性按阴性判定，1份或2份为阳性均按阳性判定，食品快速检测流程见图3-1。

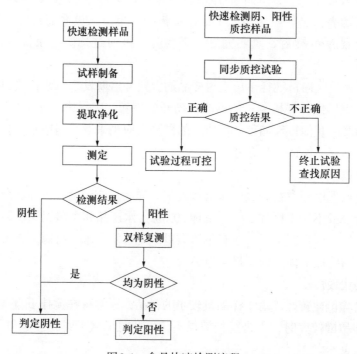

图3-1 食品快速检测流程

快速检测方法与常规实验室检测相比具有操作简单、便携高效的优势。接受专业培训后，检测人员能够掌握操作方法，直观地判定和解释结果，极大地降低了应用难度。但同时，对于快速检测过程的人员防护、技术要求、操作注意事项等应予以重视。

一、人员防护

（1）操作人员应穿工作服，佩戴手套、口罩等必要防护工具。使用有机溶剂和挥发性强的试剂应在通风橱或通风良好的地方操作。

（2）检测过程中不得从事与检测无关的活动，如进食、饮水、嬉戏打闹等。

（3）避免用戴手套的手触摸暴露的皮肤、眼睛、口唇等身体部位。

（4）若出现意外事故，应及时妥善处理。

二、试样制备

1. 典型样品取样方式

（1）蔬菜水果：取适量代表性样品擦去表面泥土，剪成 1 cm² 左右的碎片或制成匀浆。

（2）水产品：取代表性可食肌肉组织搅碎后备用。甲壳类试样制备时需去除头部。

（3）畜禽肉及肝肾等组织：取适量代表性样品去皮、去骨、去结缔组织，取肌肉或相应组织搅碎。

（4）蛋类：去壳，制成匀浆。

2. 不同基质状态样品取样注意事项

（1）固体样品：取适量代表性样品充分粉碎、混匀，必要时过筛。

（2）液体样品：液体物质一般比较均匀，可通过搅拌、涡旋等方式混匀。

（3）生物样品：植物试样由于部分农药易发生降解，应立即进行处理和分析；动物试样，如动物脏器、组织等不宜长期储存，也应尽快检测。当天未检测完的鲜样，应暂时置冰箱内保存。

具体操作以快速检测产品操作说明书为准。

三、常用提取、净化、浓缩技术

1. 浸提提取法

浸提提取法即液-固萃取法，是利用适当的溶剂将固体样品中某些待测物浸提出来。快速检测常用的浸提方法有煎煮法、振荡浸渍法、超声波提取法等。

2. 溶剂萃取提取法

溶剂萃取提取法又称"液-液萃取法"，化合物在两种互不相溶（或微溶）的溶剂中溶解度不同，使化合物从一种溶剂内转移到另外一种溶剂中。

3. 过滤净化

过滤净化是利用多孔物质（即过滤介质）阻截大的颗粒物质，使小于孔隙的物质通过的分离技术。当样品浑浊，可经微孔滤膜过滤后取滤液，从而达到净化的目的。

4. 离心提取

利用物体高速旋转时产生强大的离心力，使置于旋转体中的悬浮颗粒发生沉降或漂浮，从而使某些颗粒达到浓缩或与其他颗粒分离的目的。

5. 固相萃取净化

固相萃取净化采用选择性吸附、选择性洗脱的方式对样品进行富集、分离、提纯，是一种包括液相和固相的物理萃取过程。

6. 浓缩

由净化过程引入的溶剂可能会降低待测组分的浓度或不适宜直接进样，需要去除部分或全部溶剂或进行溶剂转换，此过程为浓缩或富集。快速检测常见的浓缩方式主要通过空气（具备条件时，可采用氮气）吹干除去溶剂。

四、检测及结果判定

1. 化学比色法

待测组分提取净化后，与检测试剂或试纸作用，在一段时间内，显示出特定颜色或沉淀。将显色样液与标准色阶卡或标准比色管目视比色，找出颜色相同或者相近的色阶，色阶的数值乘以相应的折算因子即为该检测指标的大致含量，可以对待测组分进行定性或半定量读数，也可通过分光光度计直接进行读数。

目视比色法结果判定时，为尽量避免出现假阴性结果，判读时遵循就高不就低的原则，或按照试剂盒规定的判读方式进行。

2. 酶抑制率法

（1）酶抑制率法：采用酶抑制率法测定有机磷及氨基甲酸酯类农药时，首先测定对照液在180 s内吸光度的变化，为尽量避免吸光度变化值过大或过小导致假阳性或假阴性，应控制酶量使吸光度变化值在0.2～0.3，然后测定样品液在180 s内吸光度的变化，通过计算抑制率对农药残留情况进行定性判断，酶抑制率大于等于50%时为阳性，小于50%时为阴性，但需定期检测酶活性。

（2）检测卡法：检测卡法通过对比缓冲溶液空白对照与样品在白色药片区域颜色的变化来对农药残留情况进行定性判断，当样品颜色比空白颜色深或者两者颜色相当时为阴性，当样品颜色比空白颜色浅时为阳性。采用检测卡法进行结果判定更为直观、简单，但深色样品更易受基质影响导致假阳性或者假阴性出现。

3. 胶体金免疫层析法（竞争抑制法原理）

胶体金免疫层析法是利用胶体金本身的显色特点结合特异性抗原抗体来诊断特异性待测物的一种检测方法，主要原理包含非竞争性作用和竞争性作用两种方式，常用于动物源性食品的检测，主要包括温育、加样、显色、判读几个过程。

温育：不同的快速检测产品要求的反应温度、反应时间不同，温度过高（或过低）或者是时间过长（或过短）都会影响最终实验结果，因此，温育的时间和温度应按规定控制，力求准确。

加样：加样时把所加样液加到板孔底部，不可加在板孔上部，不可溅出，不可产生气泡。加样要注意避免发生交叉污染。

显色：显色是特异性抗原和抗体结合的反应过程。反应的温度和时间是影响显色的因素，应严格控制。

判读：胶体金免疫层析法结果是通过对比控制线（C线）和检测线（T线）的颜色深浅来判定的。常见的有两种判定方式，即消线法和比色法，实际使用中需注意区分。判读方法见图3-2，彩图3-2。

（1）无效：控制线（C线）不显色，表明不正确操作或试纸条/检测卡无效。

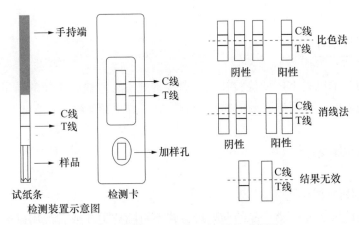

图 3-2　胶体金试纸条目视判定示意图

（2）消线法：控制线（C线）显色，检测线（T线）不显色，判为阳性；控制线（C线）显色，检测线（T线）显色，判为阴性。

（3）比色法：控制线（C线）显色，检测线（T线）显色明显浅于控制线（C线），判为阳性；控制线（C线）显色，检测线（T线）比控制线（C线）显色深或检测线（T线）与控制线（C线）显色基本一致，判为阴性。

需要注意的是，有效试验的控制线必须显色。控制线（C线）不显色，无论检测线（T线）是否显色，表示操作不正确或试纸条/检测卡已失效，需进行重测。

4. 拉曼光谱法

各品牌的拉曼光谱仪测定步骤基本类似，一般是将样品与促凝剂和表面增强试剂混合均匀后检测，仪器软件将测试结果与标准谱图库进行自动匹配计算，显示测定结果。

5. 酶联免疫吸附测定

酶联免疫吸附测定（enzyme-linked immunosorbent assay，ELISA）以固相载体吸附抗原或抗体，利用抗原抗体的特异性识别反应及酶标记抗体或酶标记二抗或酶标记抗原的显色反应，检测特定目标物的技术，主要包含加样、温育、洗涤、显色、比色几个过程。

加样：在ELISA中一般有3次加样，即加样本、加酶结合物、加底物。加样时应将所加物加在ELISA板孔的底部，避免加在孔壁上部，并注意不可溅出，不可产生气泡。

温育：温育采用的温度是抗原抗体结合的合适温度，操作时应根据说明书的要求控制温度。注意温度和时间应按规定力求准确。

洗涤：洗涤在ELISA过程中是为了达到分离游离的和结合的酶标记物的目的。酶联免疫吸附板每次洗涤要充分，否则会影响试验结果。洗涤的方式可以通过某些ELISA仪器配有的自动洗涤仪，也可以通过流水式冲洗或浸泡两种手工操作方法。

显色：显色是酶催化无色的底物生成有色产物的反应。反应的温度和时间是影响显色的因素，应在规定的适当时间内读取结果。

比色：拭干板底附着的液体，然后将板正确放入酶标比色仪中。各种酶标仪性能有所不同，使用中应详细阅读说明书。

五、质量控制

快速检测技术也属于一种检验技术，参照常规实验室检验工作的质量控制要求，快速检测也应当采取一些简洁有效的质量控制措施。详见第4章。

六、注意事项

1. 试验操作注意事项

（1）不同厂家快速检测产品的前处理方式不可随意更改或者混用试剂，否则可能出现快速检测产品不匹配样品状态而无法使用的情况。

（2）称样量应满足快速检测要求，取样应具有代表性。

（3）移液一般使用移液枪或滴管。移液枪移液时需保持垂直，滴管需确保清洁或一次性使用，防止出现交叉污染。添加试剂量要准确，速度要快，避免有机试剂挥发。

（4）要保证涡旋、离心的时间和速度。

（5）离心完取出离心管时要轻拿轻放，避免溶液溅出或复溶；吸取提取液时要注意动作轻柔，避免取到其他液体层造成污染。如发现乳化，可采取水浴或加盐处理。

（6）氮吹时一般选用水浴或干浴，温度为40～60℃，不要设置过高，以免导致目标化合物降解或分子结构改变。另外，应避免长时间干吹，以免造成目标化合物损失。

（7）冷藏保存的胶体金检测卡使用前应恢复至室温后再开袋使用。

（8）谨防胶体金快速检测卡受潮，受潮或包装袋受损后的检测卡不得使用。

（9）检测卡从铝膜袋中取出后应尽快进行试验，置于空气中时间过长，检测卡可能受潮失效。

（10）检测卡/试纸条使用时应避免风吹、阳光直射、空调直吹等可能影响温度的因素。

（11）避免触摸胶体金检测卡中央的白色膜。

酶联免疫法相对于化学法、胶体金免疫层析法操作更复杂，要求更高，应注意对以下关键点的控制：①使用前将所有试剂平衡至产品说明书规定的温度，一般平衡至室温（20～25℃）。室温低于20℃或试剂及样品未恢复到室温会导致数值偏低。②使用后迅速将试剂放入产品说明书规定温度的环境中，一般是2～8℃冷藏。③在ELISA分析中的再现性，很大程度上取决于洗板的一致性。在洗板过程中如果出现板孔干燥过久的情况，会出现标准曲线不成线性，重复性不好的现象。所以洗板拍干后应立即进行下一步操作。④所有温育过程应避免阳光直射，并按要求用盖板覆盖住酶标板。⑤标准物质和显色液对光敏感，避免直接暴露在光线下。⑥混合要均匀（包括加样品和标准液时都必须充分混合均匀），洗板要彻底。⑦终止液为强酸性物质，具有腐蚀性，试验时要注意避免接触皮肤和衣物。

2. 结果判定注意事项

（1）胶体金产品的试纸条为一次性产品，勿重复使用。

（2）严格按照快速检测产品操作说明书判读结果，尤其注意环境影响，需要通过人眼判读结果的要在光线充足的条件下进行。

（3）对难以判读的结果建议由双人判读或借助仪器判读，并结合质量控制试验的检测结果确认。

3. 正确使用食品安全国家标准

从事快速检测的人员不仅要求能够按照快速检测方法或说明书进行操作，还应能正确理解和使用食品安全国家标准，对检测结果进行判定和解释。

（1）了解食品分类，明确所检样品类别。

（2）选择实时有效的判定标准，区分食品安全标准对不同检测指标的禁用要求和限量要求。常用的判定标准包括：《食品安全国家标准　食品添加剂使用标准》（GB 2760—2014）、《食品安全国家标准　食品中真菌毒素限量》（GB 2761—2011）、《食品安全国家标准　食品中污染物限量》（GB 2762—2017）、《食品安全国家标准　食品中农药最大残留限量》（GB 2763—2014）、《食品安全国家标准　食品中兽药最大残留限量》（GB 31650—2019）（包括所有的修改单）等限量标准或监管部门发布的个别化合物的临时限量值。

第4节　实 验 记 录

真实、准确、完整的记录是重要的基础资料。快速检测数据的记录和管理十分关键。

一、原始记录

为保证快速检测工作的科学性和规范化，快速检测原始记录应符合以下要求：

（1）检测结果应如实记录，严禁事先记录、补录或者转抄。为保证快速检测工作的公正性和保密性，不得将检测情况和结果私自泄露。

（2）原始记录的基本内容包括：样品信息（样品名称、样品唯一性编号），快速检测产品信息、检测项目、检测日期、检测结果、结果判定、快速检测人员和审核人员签名等。

（3）原始记录按页编号，书写清晰、准确，划改规范（如发现记录有误，可用单线划去并保持原有的字迹可辨，不得擦抹涂改，应在修改处签名或盖章以示负责）。

（4）检测人员和审核人员不得为同一人。

根据所用快速检测产品不同，结果记录可选用不同方式。快速检测仪器可自动生成检测结果，应打印/复印/扫描或拍照作为原始检测记录存档，并定期备份；检测卡、检测试纸条、显色管等无法作为原始记录长期保存，应标识样品信息后通过拍照留存或用人工登记的方式进行记录。

二、其他资料

除原始记录外，其他相关的资料还包括：

（1）技术资料：各种规章制度、质量控制文件（包括标准操作规程、质量控制样品证书、日常质量控制检测结果、盲样考核报告等）、人员业务技术档案等。

（2）样品资料：采样单、样品管理台账以及样品送实验室复检或验证后的结果记录等。

（3）快速检测产品资料：快速检测产品台账、仪器设备档案等。

三、记录管理

食品快速检测操作人员及其所在机构，应对食品快速检测过程、数据和结果信息记录的真实性、完整性和可追溯性负责。

原始记录和其他资料均由专人负责，并建立管理档案，未经批准，不得公开、不得擅自销毁。保存期限不得少于2年。

第5节　快速检测结果处理

一、快速检测结果报送

（1）食品快速检测机构应在检出阳性样品并经确认无误后，将有关情况及时通知被抽查的食品生产经营者和委托开展快速检测工作的监管部门。

（2）食品快速检测结果表明可能不符合食品安全标准的，被抽查食品经营者应暂停销售相关产品，监管部门应及时跟进监督检查，防控风险。抽查检测结果经食品检验机构检验确定有关食品不符合食品安全标准的，可以作为行政处罚的依据。对食用农产品检测结果有异议的，可以自收到检测结果时起四小时内申请复检，逾期未提出申请的，视同认可快速检测结果。复检不得采用快速检测方法，由组织快速检测工作的市场监管部门实施。

二、快速检测信息公布

1. 信息公布总体要求

快速检测结果信息公布遵循依法科学、严谨规范、及时准确、公平公正的原则，真实、客观地公布快速检测结果信息。

2. 信息公布的内容和形式

食品快速检测结果信息公布的主要内容，包括样品名称、采样日期、检测日期、销售者（被抽样单位或摊位信息）、检测项目（注明俗称）、检测依据及快速检测产品、标准值及检测值、单项判定结果、检测时间等。

可设立快速检测信息公布专栏，也可采取显示器或电视屏等群众容易辨识的多种方式及时公布。

3. 信息公布流程

（1）信息公布前应明确公布主体及分工、公布时间、形式和内容、风险交流口径、舆情监测和舆论引导方式等，可根据需要征求多方意见，必要时与相关部门进行会商。

（2）信息公布应使用规定的格式填写。快速检测信息应于抽查当日向公众公开，原则上在得出快速检测结果后四小时内应完成公布。

（3）发现已公布食品安全信息存在错误的，信息公布部门应进行核实更正。

三、快速检测数据管理

快速检测机构应定期归集、统计快速检测数据，汇总不合格样品的种类、来源等信息，发现可能存在食品安全风险隐患时，及时反馈，报送属地监管部门。不得瞒报、谎报数据结果，不得擅自对外发布或者泄露。

第 6 节　培训工作检查

一、检查目的

属地监管部门依据培训结果和反馈信息了解快速检测培训工作的开展情况，收集资料，发现问题，对培训工作的开展予以技术指导和支持。

完善食品快速检测培训制度，形成与食品安全监管相适应的快速检测培训工作机制。

二、检查对象

检查对象包括食品快速检测机构以及从事食品快速检测工作的技术人员。

三、检查标准

检查设置量化指标和计算方法，总分为100分，评分低于60分为不合格，见表3-1。

四、检查方式

可采取查阅材料、召开座谈会、实地考察、问卷调查、学员测试考核等多种方式。

五、检查实施

检查工作由属地监管部门组织，成立专家小组负责具体实施。专家组检查结束后汇总检查记录和相关资料，综合分析后形成检查意见向被检查的食品快速检测机构反馈，并撰写检查报告报送监管部门。

表3-1　食品快速检测培训工作检查指标评分

检查指标	检查内容	分值	得分
培训计划制订	快速检测机构每年制订人员培训工作计划和人员能力持续控制计划。由专人负责此项工作，建立完善的培训制度	30	
培训实施情况	开展《食品快速检测培训指导手册》规定的理论学习、实验操作、人员考核等各项培训活动，参训人员学习时长和内容需达到培训大纲要求	30	
	培训过程有严格的考勤记录和课程考核记录，建立完整的培训档案	10	
	日常工作按照培训要求实施，并对人员进行技术能力培训和监督	10	
培训质量控制	快速检测机构对培训工作进行自查、自评，并及时改进	20	
合计得分：			

注：本表内容仅供参考，可根据实际情况调整。

第4章

食品快速检测质量控制

第1节　食品快速检测质量控制的意义

食品快速检测技术具有快速、简便、灵敏、成本低廉、适用范围广等特点，目前已被广泛应用，遍及政府监管部门、批发和零售市场、餐饮服务业和各类学校、企事业单位等，成为保障食品安全的重要技术手段。随着快速检测需求的迅猛增长，也逐步暴露出由于部分快速检测方法自身缺陷、验证评价和质量控制手段滞后等原因，造成基层对快速检测技术的准确性和可靠性褒贬不一，导致快速检测技术应用受限。因此快速检测在一定程度上存在着实际需求和技术规范性不对称的局面。

一、食品快速检测中存在的主要问题

当前快速检测应用过程中存在的主要问题包括快速检测产品假阳性与假阴性率高、特异性不强、灵敏度低、结果判读不准确等，导致快速检测问题发现率低，与实验室检验结果偏离等。根据基层工作人员反馈，快速检测发现阳性样品后由于对快速检测产品和自身操作信心不足，对快速检测结果的正确性没有把握，因此选择放弃上报处理的情况时有发生。对快速检测中存在上述问题的原因分析如下：

（1）样品基质本底干扰，易出现假阴性或假阳性结果，可通过规范的前处理环节去除干扰或者根据样品基质的不同选择适宜的快速检测方法。

（2）受采用的快速检测方法原理和技术所限，方法本身特异性不强，或操作方法设置不合理，如提取效率过低导致检测灵敏度受影响。

（3）样品中含有与目标待测物化学性质接近、结构类似或者相同基团的化合物，导致出现假阳性结果。

（4）使用的快速检测产品未经过验证评价，质量不符合要求，说明书操作步骤表述不清晰甚至错误，试剂运输、储存不当造成变质或污染。

（5）快速检测产品检出限设置不当，低于或高于食品安全标准要求，则可能会出现假阳性或假阴性结果。

（6）基层快速检测人员缺少必要的专业知识，日常快速检测工作无质量控制计划和质量控制手段，未经过系统的采样、制样、检测、结果判读以及相关法律法规、技术标准等专业培训。

二、快速检测质量控制的重要性

常规检验活动在实施过程中质量控制是重要的技术环节，需要采用基质加标、质控样、标准曲线等多种方式开展质量控制。作为常规检验技术的一种延伸，快速检测技术虽有简便、快捷的特点，但与实验室检测技术相比，也有着准确性、可靠性较低的不足。如果随意操作，忽视质量控制，快速检测结果的准确性将大幅降低，易出现假阳性、假阴性或者结果偏差过大等情况，导致误判。目前，由国家市场监督管理总局和原国家食品药品监督管理总局发布的所有快速检测方法，均明确要求"每批样品应同时进行空白试验和质控样品试验（或加标质控试验）"。国家市场监督管理总局起草的《食品快速检测操作指南》（目前征集意见中）也明确规定"食品快检操作人员应掌握质量控制的要求"。因此，快速检测技术人员应首先建立正确的质量控制观念，熟悉相关法律法规，并能够采取一些简便有效的质量控制措施，规范操作，切实确保快速检测发挥作用。

第2节 食品快速检测的常见质量控制方法

快速检测质量控制方式多样，主要包括以下9种：

一、快速检测方法和产品选择

（1）优先采用国家有关部门正式发布的快速检测方法，所使用的快速检测产品应当经过产品评价，符合国家相应要求。

（2）其次可选择经专业技术机构评价，符合有关要求或获得国家有关部门认可的快速检测产品。

（3）如快速检测产品暂无评价或其他认可信息参考，则需要通过盲样测试、平行送实验室检验等方式做好采购前验收。

二、快速检测试剂管理

一般的试剂应放在阴凉避光的条件下保存，对于对温度敏感或者易分解的试剂，应按照快速检测产品说明书要求进行冷藏或者冷冻保存。每次检测开始前，应核对使用的试剂是否过期。

三、快速检测仪器设备管理

在快速检测质量控制中，快速检测仪器设备的使用、维护与检定要求相较于实验室检测的大型精密仪器来说更加简单，但也不可忽视对仪器设备的管理，应符合以下要求：

（1）对快速检测结果的准确性或有效性有重要影响或对计量溯源性有要求的仪器设备应按期检定或校准，使用标签、编码或其他标识，表明其校准状态。

（2）快速检测设备应根据使用频次和特点定期进行保养、维护与检查。

（3）日常使用严格执行仪器设备操作规程，操作人员应经过培训。

（4）曾经过载或处置不当、给出可疑结果，或已显示出缺陷、超出规定限度的设备，应停止使用。这些设备应予隔离以防误用，或加贴标签、标记以清晰标示。

四、快速检测质控样品分析

快速检测质控样品指快速检测过程中用作参照对象，具有与实际食品样品基质相符或相似的特性、足够均匀和稳定的物质。快速检测质控样品涉及的阴性、阳性样品等应进行实验室测定赋值，并出具均匀性和稳定性结果。快速检测质控样品的分析可参考以下要求：

（1）每天或每批快速检测产品应随同样品测试做质控样品试验，将质控样品的快速检测分析结果与参考值或参考范围相比较，评价快速检测结果可靠性。

（2）采用质控样品对快速检测技术人员或新上岗人员进行能力考察和提升。

（3）采用质控样品对快速检测产品进行使用前验收和使用期间核查。

（4）开展新检测项目前，采用质控样品检查和控制误差，包括人员能力、快速检测产品适用性、仪器设备状态等。

五、空白试验

采用与待测样品试验相同的器具、试剂和操作分析方法，对空白试样进行分析，称为"空白试验"。每天或每批快速检测产品应同时进行空白试验。空白试验结果反映了测试仪器的噪声、试剂中的杂质、环境及操作过程中的污染等因素对样品测定产生的综合影响，直接关系到测定的最终结果的准确性。当空白试验结果为阳性或不符合快速检测方法的要求时，应全面检查试验用水、试剂和容器的沾污情况及试验环境等。

六、加标试验

在快速检测试验中，通过向空白试样中加入一定量待测物质的标准溶液，与待测样品同法测定。加标量参照对应快速检测方法的要求。

七、平行试验

平行试验是指同一批次取两个以上相同的样品，以完全一致的条件（包括温度、湿度、试剂，以及试验人）进行试验，考察其结果的一致性，防止出现偶然误差。快速检测试验建议一般同一批次每10个样品加1个平行样。

八、人员比对和快速检测产品比对

人员比对试验是指在相同的环境条件下，采用相同的快速检测方法、相同的快速检测产品，由不同的检测人员对同一样品进行检测的试验。人员比对是通过安排具有代表性的不同层次的两人或者多人展开，考核测试人员的能力水平，判断快速检测人员操作是否正确、熟练，用以评价快速检测人员对检测结果准确性、稳定性和可靠性的影响。

快速检测产品比对是指由同一检测人员运用不同品牌同一检测指标的快速检测产品，对同一样品进行检测，比较测定结果的符合程度。当某项试验可由多种快速检测试剂盒或快速检测设备操作时，可采用快速检测产品比对试验的方式进行内部质量控制，判断对快速检测准确性、有效性有影响的设备是否符合测量溯源性的要求，用以评价快速检测产品对检测结果准确性、稳定性和可靠性的影响。

九、外部质量控制

快速检测实验室可根据自身需要每年参加1次或几次由主管或监管机构组织的盲样考核活动、能力验证活动，对获得满意结果的项目继续保持，对不能获得满意结果的，应采取相应的纠正措施，后续通过再次参加考核或现场评价等方式确保纠正措施的有效性。快速检测外部质量控制的最终目的是根据外部评审、能力验证、考核、比对等结果来评估本实验室的工作质量，并采取相应的改进措施，促进快速检测整体检测水平的提高。

第3节 食品快速检测试验过程中的质量控制

快速检测试验过程的质量控制按操作顺序可分为准备工作、检测过程和检测完成后的质量控制。

一、准备工作的质量控制

（1）核对待测样品信息。查看样品包装是否出现损坏或者异常，如有异常，应及时联系管理者进行相应的处置。确保样品有清晰、明确的编号标识。

（2）确认快速检测试剂按条件保存。另外，确认快速检测产品不存在明显质量问题，包括产品过期，试剂盒物理损伤，试剂盒包装内存在混杂物质，标签错误、缺失或字迹模糊（尤其注意关键信息，如批号、生产日期等），试剂泄漏或污染。开启试剂盒时，需在包装盒上标注开启日期。

（3）确认操作环境的温度、湿度在快速检测产品说明书要求的范围内。

（4）不得混淆使用不同厂家、批次的试剂。

二、检测过程的质量控制

（1）取样：快速检测一般取样量较少，因此取样要规范操作，确保取样具有代表性和典型性。如检测农药残留，取样部位应按照"食品类别及测定部位"（GB 2763—2016 附录 A）中的有关要求执行。另外，按照快速检测方法的要求，一般在制样环节会规定称取一定量的样品，充分混匀，实际检测时再从混匀样品中取出检测所需的样品量，为确保操作规范性，不可忽略制样环节的规范性。

（2）溶液配制：在配置试剂时，最好采用玻璃材质的容器，并将容器用蒸馏水反复冲洗，保证容器的清洁度。严格按照产品说明书的要求进行配置，并进行相应的密封保存。如果在检测时使用冷藏保存的试剂，应先将溶液取出恢复到室温，摇匀后再使用。快速检测试剂取用时，应遵循"量用为出，只出不进"的原则，防止试剂被污染。

（3）样品前处理：食品样品快速检测分析的前处理应严格按照快速检测方法或快速检测产品的操作说明书执行。食品样品成分复杂，存在基质干扰，如肉类中的脂肪、蛋白质，蔬菜水果中的色素、纤维素、糖，茶叶中的色素、纤维素、咖啡因等，都可能对目标物的检测造成干扰，影响检测灵敏度。因此，样品前处理按照规定的要求，对提取时间、加热温度等条件应准确控制，不得擅自修改。

（4）质控试验：每批样品测定应同时进行质控试验。同时处理、测试的多份样品按同一检测批对待。

① 若商品化快速检测产品说明书未涉及对质控试验的要求，则参照对应快速检测方法中关于质控试验的操作步骤执行，使用质控样品或加标样品进行测试。

② 质控样品应与待测样品基质相似。阳性质控样品经参比方法定值确认为阳性；阴性质控样品经参比方法定值确认为阴性；加标质控样品的加标浓度水平参照快速检测方法要求。

③ 只有在阳性质控样品测定结果为阳性，阴性质控样品测定结果为阴性；或加标质控试验测定结果与加标情况相符的情况下，说明试验所用的试剂和仪器处于正常工作状态，操作环节无误，检测结果有效。

④ 单次检测样品数不宜过多，防止交叉污染或结果记录错误等情况。

⑤ 快速检测初测结果为阳性时应重新取余样（即初次测试剩余样品）复测，采用人员对比、快速检测产品比对（如不同厂家、不同批次等）、随行质控样品验证等方式对结果进行确认。

注：快速检测阴、阳性质控样品可由标准物质/标准样品生产者生产并在市场上获得，也可由具备能力的权威实验室制备生产。需确认其均匀性、稳定性和定值程序符合

CNAS-CL003《能力验证样品均匀性和稳定性评价指南》或CNAS-GL005《实验室内部研制质量控制样品的指南》等文件的要求。

（5）结果判定和数据处理：依据检测方法原理的不同，必须严格按照操作规范进行判读，切勿夹杂主观因素。当结果需进行处理计算时，检测人员对检测方法中的计算公式应正确理解，保证检测数据的计算和转换不出差错，计算结果应进行复核或审核。如果采用计算机或自动化设备进行检测数据的采集、处理、记录、结果打印、储存、检索时，应确保仪器设备功能正常和安全。

三、检测完成后的质量控制

（1）检测完毕应及时清洁试验场地，保持工作台和检测场所干净整齐。

（2）将未使用完的试剂耗材及时密封，按照要求进行保存，并标注开封日期。

（3）及时汇总检测结果，按要求上报。

（4）检查试剂耗材库存量，根据工作需求，提前储备足量试剂。

（5）对于快速检测过程出现的异常现象或者快速检测结果验证出现实验室检测结果与快速检测结果不一致的情况，应立即分析，查找原因，采取纠正措施并做好记录。

第4节 食品快速检测质控样品的制备

在食品快速检测分析中，样品基体涉及各种动、植物及加工食品。分析基体本身的差别，在使用快速检测产品的分析过程中不能简单地采用传统的纯品标准物质来校准或进行质量控制，而应选择与基体接近的质控样品，以避免基体效应对物质成分检测的影响。目前针对快速检测使用的质控样品的生产尚没有统一的标准规范出台，从快速检测质控样品的特性来看，其与基体标准物质的性能更接近，因此，快速检测质控样品的研制可参考基体标准物质。基体标准物质生产的通用流程为：原料候选物分析与选择、加工、分装与储存、均匀性检验、稳定性检验、定值、不确定度评定。

一、质控样品制作

样品基质筛选通常要求基质具有代表性；样品量值水平设计时，目标成分的添加量主要取决于检测用标准方法的检出限或限量值，通常考虑质控样品的应用目的，如快速检测产品评价、快速检测过程质量控制等，将添加浓度水平控制在检出限和标准限量附近或适当高出几倍。

质控样品的制备手段通常有两种，一种是完全模拟真实样品，另一种是将目标成分的标准溶液添加至空白样品，即空白基质加标。对于模拟真实样品，样品类型不同，制样方式不一；对于农兽残类样品，可通过兽药直接饲喂或药浴动物、农药直接喷洒的方式；对于添加剂类样品，通过直接模拟食品加工工艺，如肉制品中亚硝酸盐样品，可采用添加剂烹煮的方式制备；对于污染物类样品，可通过收集不合格样品，如真菌毒素类样品可通过收集陈化粮的方式获得。而空白基质加标的情况，也有不同技术手段。对于液体类样品，需保证添加物在样品基质中可良好溶解分散，若目标成分溶解性不佳，则选用适当的溶剂进行转溶；对于固体类基质，尤其要考虑使目标成分均匀地附着在基质表面，通常简单的物理混合难以满足对样品均匀性的要求，需通过表面喷洒或混合成浆液的方式后再进行混合，后续辅助干燥、过筛等程序后，形成均匀样品。

两种制样方式各有利弊，而农兽药喷洒、饲喂方式要涉及种养殖技术、农兽药分解代谢残留等学科内容，样品制备周期长，且量值水平难以控制，往往难以得到符合预期的样品。空白基质加标法简易、高效、工艺流程基本可控，且可以根据需求灵活设计加标浓度。此外，由于食品基质和检测成分的性质特点，需采取一定的防腐措施延长样品稳定期，常见的防腐方式与食品实际加工工艺类似，包括添加食品防腐剂、γ-射线灭菌、冷冻干燥、真空包装、氮气保护等。

二、质控样品分装

样品分装环节需确保不会对样品状态和保存产生不良影响。筛选适宜的包装规格和材质，必要时要对样品包装进行灭菌处理或采用无菌罐装的方式，同时，要考虑包装材料中的成分不得迁移至个别特殊基质的样品中，导致样品被污染。分装后要严密封闭，如塑料瓶铝箔封口、铝箔袋真空封口等，避免外来污染物的影响。

三、质控样品均匀性、稳定性评估和定值

计量技术规范《JJF 1343—2012标准物质定值的通用原则及统计学原理》是由原国家质量监督检验检疫总局发布的，是指导标准物质研制和准确定值的规范，该规范适用于指导各类国家一级、二级标准物质的研制（生产）和定值，其他标准物质可参照执行。根据规范的要求，制作的快速检测质控样品可以参考此标准进行均匀性、稳定性评估和定值。

均匀性是用于表征物质中的一种或多种特性相关的结果或组成的一致性状态。通过测量取自不同包装单元（如瓶、包等）或取自同一包装单元不同位置的规定大小的样品，测量结果落在规定的不确定范围内，则可认为该标准物质对指定的特性量是均匀的。均匀性是标准物质的基本属性，在表征物质的生产过程中必须进行均匀性评估，以证明其具有良好的均匀性。均匀性评估的统计模式一般采用单因素方差分析法，在某些情况下也会采用双因素方差分析法。

稳定性是用于描述标准物质的特性值随时间变化的性质，即在特定的时间间隔和储存条件下，标准物质的特性值保持在规定范围内的能力。稳定性评估不但能评估与材料稳定性相关的测量不确定度，而且能明确合适的保存和运输条件，稳定性主要包括长期

稳定性和短期稳定性评估。对于稳定性的评估有两个基本的实验设计方案，即经典稳步性评估和同步稳定性评估。两种实验方案均适用于长期稳定性和短期稳定性评估，可根据实际情况选择。

定值是指通过了均匀性检验的候选物，对其特性值进行准确的测量，并对数据进行系统分析。将测定的特性值溯源到适当的单位或参考标准。标准物质的定值方法有如下5种：①由单一实验室采用单一基准方法定值；②由一个实验室采用两种或更多不同原理的独立参考方法定值；③使用一种或多种已证明准确性的方法，由多个实验室合作定值；④利用特定方法进行定值；⑤利用一级标准物质进行比较定值。

可根据标准物质的类型、最终使用要求、相关实验室条件、方法的性能指标以及与特性值相关的不确定度的实际评估能力来适当选择定值方法，以保证其特性值在定值测量过程中不受其他特性的干扰。标准物质定值后选取适当的统计学方法对数据进行统计，得到总平均值即标准值。

不确定度是用于表征合理地赋予被测量值的分散性，与测量结果相联系的参数。一般定值结果的不确定度由三部分组成，分别为均匀性引起的不确定度、稳定性引起的不确定度以及定值过程带来的不确定度。当用基准测量方法定值，且均匀性和稳定性检验所用的测量方法又不是定值方法时，分析均匀性和稳定性引入的不确定度的步骤尤为重要。将定值不确定度与均匀性检验、稳定性检验引入的不确定度按照平方和开方的方法叠加就给出合成标准不确定度，该合成标准不确定度乘以因子得出的不确定度成为拓展不确定度或总不确定度。

四、快速检测质控样品制备实例

基体质控样品的种类复杂多样，在制备过程中应对具体情况采取相应的制备方法，目前快速检测产品在食品安全检测中使用的主要领域为：兽药残留、农药残留、食品非法添加、食品添加剂、真菌毒素和重金属六大类。下面以食品中常见的几类快速检测质控样品的生产为例进行说明。

1. 兽药残留快速检测质控样品的制备

对于动物组织中兽药残留物分析质控样品的研究来说，如果要获得完全模拟真实样品，则采用兽药直接饲喂的方式得到在动物体内存在实际残留的动物组织材料。制备过程重要的考虑因素包括以恰当的方式用药、在适当的时候屠宰、选择含有预期目标化合物及浓度的合适部位制作有足够数量的样品。新鲜或需冷冻保存的样品由于运输、保存及均匀过程较困难，所以将这些基体真空干燥制成冻干粉是一个较好的选择。

以鱼肉粉中孔雀石绿及其代谢物的快速检测质控样品为例，具体制备步骤为：①选择个头、质量均一的实验用草鱼；②随机抽取，采用实验室标准检测方法对样品中孔雀石绿进行检测，若检测结果小于方法检出限，可作为快速检测阳性质控样品与阴性质控样品的基质，若样品中检出一定量的孔雀石绿，则该批次样品仅作为阳性质控样品基质；③于每天固定的时间人工饲喂添加孔雀石绿的饲料，喂养一周，使草鱼体内含有孔雀石绿；④给药结束后，宰杀，取大块肌肉，搅碎，混匀制成肉糜，均质、真空冷冻干燥得到粗样；⑤研磨粗样，过筛，得到鱼肉冻干粉标准样品；⑥封装所述质控样品，冷藏保存；⑦评估所述质控样品的均匀性和稳定性；⑧对鱼肉冻干粉中的孔雀石绿含量进行定值。

如果要获得特定量值的质控样品，如鸡蛋中的氯霉素，通过饲喂的方式很难控制结果，要得到预期量值的样品耗时长、成本高、失败的概率大。因此，可考虑采用基质加标的方式制备。

以鸡蛋中的氯霉素快速检测质控样品为例，具体制备步骤为：①采用市售同一批次的鸡蛋，随机抽取3个样品采用实验室标准检测方法对氯霉素进行检测，若检测结果小于方法检出限，可作为阳性质控样品与阴性质控样品的基质样品，若样品中检测出一定量的氯霉素，则该批次样品仅能做阳性质控样品的基质样品。②将鸡蛋去皮，蛋液放入塑料烧杯中，用计量称称重后倒入均质机中进行均质，使样品为均一状态。③均质完成后向样品中加入一定的氯霉素标准溶液（溶剂为水），加入量根据制备标准样品中氯霉素的含量来确定。标准样品加入时采用边均质边喷洒的方式，加完后对样品继续均质，均质时间和转速视均质设备而定。④均质后将样品放置在冷冻干燥机的样品盘里进行预冷冻，冷冻温度为−80℃，冷冻时间20～30 min。预冷冻后将样品放置于冷冻干燥机进行干燥，干燥条件：温度−44℃，压力0.08 MPa，干燥时间不少于12小时。⑤将冷冻干燥后的样品转移至粉碎机进行粉碎。粉碎后的样品过30目筛，进行二次混合。⑥封装所述质控样品，冷藏保存。⑦评估所述质控样品的均匀性和稳定性。⑧对鸡蛋中的氯霉素含量进行定值。

2. 农药残留快速检测质控样品的制备

以韭菜中腐霉利的快速检测质控样品为例，具体制备步骤为：①选择田间生长的韭菜，人工喷洒含有腐霉利的溶液；②施药结束后，收割韭菜，洗净、粉碎、均质、真空冷冻干燥得到粗样；③研磨粗样，过筛，得到韭菜冻干粉标准样品；④封装所述标准样品，冷藏保存；⑤检验所述标准样品的均匀性和稳定性；⑥对韭菜冻干粉中的腐霉利含量进行定值。

农药残留快速检测质控样品的制备与兽药残留快速检测质控样品的制备类似，也是通过给药的方式来获得，但是农药的代谢周期较短，所以一般会选择在成熟的瓜果上进行喷洒来制作，植物样本中纤维较多，不易于粉碎，纤维与粉末分布不均匀会导致样品的含量不均。因此，样品可选择过筛筛选，同样冻干粉是比较适合植物样品的保存的。

3. 非法添加快速检测质控样品的制备

以火锅底料中罂粟碱的快速检测质控样品为例，具体制备步骤为：①选择检测为阴性的火锅底料经过滤得到的辣椒调味油为基质样品；②在基质样品中加入罂粟碱标准物质，搅拌混匀后分装，得到基质标准物质；③对基质标准物质进行均匀性、稳定性检验；④对火锅底料中的罂粟碱进行定值。

非法添加的样品为人为添加方式，因此在制作此类质控样品时应尽可能模拟食品的实际加工工艺。此类样品的保存可选择正常食品的保鲜工艺，采用添加防腐剂的方式保鲜。

4. 真菌毒素快速检测质控样品的制备

以豆粉中黄曲霉的快速检测质控样品为例，具体制备步骤为：①培养黄曲霉菌株至对数生长期，采集孢子加入10～30 mL 0.5%的豆粉水溶液中，目标菌添加量约为2×10^5 CFU/mL；②样品置于干净无菌袋中，用混合仪拍打混合，再将混匀好的上述溶液加入总体的豆粉水溶液中，重复混合步骤；③将制备好的菌液分装0.5 mL/瓶，放置橡胶盖，但不要塞紧，置于冻干机中低温真空冷冻干燥，制备成混合冻干粉；④封装所述标准样品，冷藏保存；⑤检验所述标准样品的均匀性和稳定性；⑥对豆粉中的黄曲霉进行定值。

真菌毒素是真菌在食品或饲料里生长所产生的代谢产物，制作此类快速检测质控样品的关键就是根据目标毒素的特性选择合适的生长环境，同时尽可能地抑制杂菌生长。另外，制作此类样品时注意做好个人防护，以及防止毒素扩散到环境中。

5. 重金属快速检测质控样品的制备

以大米中总砷的快速检测质控样品为例，具体制备步骤为：①取市售大米进行烘干、粉碎成米粉后待用；②配制含砷的亚砷酸钠溶液，待用；③吸取步骤②制备的溶液，缓慢滴加于米粉中，滴加过程中充分搅拌，完成后放入80℃烘箱中干燥，自然冷却后研磨、过筛、混匀，得到高浓度含总砷米粉；④封装所述标准样品，冷藏保存；⑤检验所述标准样品的均匀性和稳定性；⑥对米粉中的总砷含量进行定值。

重金属一般以盐的形式存在于食物基体中，是环境中重金属通过土壤、水等介质迁移到食物中，并通过食品的加工逐步向下一级迁移，因此，制作此类质控样品时可以选择基体浸泡的方式，根据重金属的种类选择添加溶解度较好的盐，同样地，重金属的毒性较大，应做好个人防护，以及浸泡液的后处理工作。

第 5 章
食品快速检测方法解读

截至目前，国家市场监督管理总局及原国家食品药品监督管理总局、原国家质量监督检验检疫总局、原国家卫生部、原国家粮食局等多个部委均发布过相关的食品快速检测方法，一些省份和社会团体也出台了食品快速检测的地方标准、团体标准。现简要介绍各方发布的快速检测方法及测试关键点。

一、国家市场监督管理总局及原国家食品药品监督管理总局已发布的食品快速检测方法

（一）水产品中孔雀石绿的快速检测 胶体金免疫层析法（KJ 201701）

方法原理：竞争抑制免疫层析原理。

适用范围：水产品及其养殖用水。

测试目标物：孔雀石绿、隐色孔雀石绿。

风险解读：孔雀石绿属于有毒的三苯甲烷类化合物，既是染料，也是杀灭真菌、细菌、寄生虫的药物。孔雀石绿为禁止使用的药物，在动物性食品中应不得检出。长期摄入检出孔雀石绿的食品，可能对人体造成潜在的致癌、致畸、致突变等危害。

限量要求：全国食品安全整顿工作办公室《食品中可能违法添加的非食用物质和易滥用的食品添加剂名单（第四批）》规定，水产品中孔雀石绿应不得检出。

参比方法：GB/T 19857—2005《水产品中孔雀石绿和结晶紫残留量的测定》或GB/T 20361—2006《水产品中孔雀石绿和结晶紫残留量的测定高效液相色谱荧光检测法》（包括所有的修改单）。

快速检测方法检出限：水产品2 μg/kg，养殖用水2 μg/L。

测试注意事项：

（1）该方法试剂盒可能与结晶紫和隐色结晶紫存在交叉反应，当结果判定为阳性时应对结果进行确证。

（2）样品制备取有代表性样品的可食部分或养殖用水。鱼去鳞后取带皮肌肉组织，虾去掉头部、壳、虾线后取样。

（3）样品应尽量新鲜，避光冷藏保存。

（4）样品前处理操作时，勿用蓝、黑记号笔标记样品，可选择红色油性笔标记。

（5）该方法要求温度15～35℃，湿度≤80%，或根据快速检测产品具体要求调整。

（6）其他注意事项参照第3章"样品检测及注意事项"中的相关内容。

（二）食品中呕吐毒素的快速检测　胶体金免疫层析法（KJ 201702）

方法原理： 竞争抑制免疫层析原理。

适用范围： 谷物加工品及谷物碾磨加工品。

测试目标物： 呕吐毒素［脱氧雪腐镰刀菌烯醇（deoxynivalenol，DON）］。

风险解读： 产生DON的主要原因是谷物在田间受到禾谷镰刀菌等真菌侵染，导致谷物发生赤霉病和玉米穗腐病，在适宜的气温和湿度等条件下繁殖并产生毒素。人摄入被DON污染的谷物加工品可能会引起呕吐、腹泻、头疼、头晕等症状。

限量要求： GB 2761—2017《食品安全国家标准　食品中真菌毒素限量》规定，DON在谷物及其制品［玉米、玉米面（渣、片）；大麦、小麦、麦片、小麦粉］中限量为1000 µg/kg。

参比方法： GB 5009.111—2016《食品安全国家标准　食品中脱氧雪腐镰刀菌烯醇及其乙酰化衍生物的测定》。

快速检测方法检出限： 1000 µg/kg。

测试注意事项：

（1）呕吐毒素在谷物样品中的分布通常极不均匀，试样制备时应粉碎，过筛，混合均匀后取样。

（2）样品提取后，若过滤困难，可使用离心机低速离心，取上清液过滤膜检测。

（3）该方法要求温度15～30℃，湿度≤80%，或根据快速检测产品具体要求调整。

（4）其他注意事项参照第3章"样品检测及注意事项"中的相关内容。

（三）食品中罗丹明B的快速检测　胶体金免疫层析法（KJ 201703）

方法原理： 竞争抑制免疫层析原理。

适用范围： 辣椒粉和辣椒酱。

测试目标物： 罗丹明B。

风险解读： 罗丹明B又称"玫瑰红B"或"碱性玫瑰精"，是一种化学染料，不得在食品中使用。长期大量摄取、吸入以及皮肤接触该物质可能造成急性或慢性中毒，具有潜在的致癌、致突变性和心脏毒性。食品检出罗丹明B的原因可能是企业为了使产品颜色鲜亮，违法添加该物质，也可能是采购的原料中添加了该物质。

限量要求： 全国打击违法添加非食用物质和滥用食品添加剂专项整治领导小组《食品中可能违法添加的非食用物质和易滥用的食品添加剂品种名单（第一批）》规定，在调味品中罗丹明B不得检出。

参比方法： SN/T 2430—2010《进出口食品中罗丹明B的检测方法》。

快速检测方法检出限： 5 µg/kg。

测试注意事项：

（1）该方法要求温度15～25℃，相对湿度≤60%，或根据快速检测产品具体要求调整。

（2）其他注意事项参照第3章"样品检测及注意事项"中的相关内容。

（四）食品中亚硝酸盐的快速检测　盐酸萘乙二胺法（KJ 201704）

方法原理： 化学比色法。

适用范围： 肉及肉制品（餐饮食品）。

测试目标物： 亚硝酸盐（以亚硝酸钠计）。

风险解读： 亚硝酸钠是一种食品添加剂，加入肉类制品中可用于防腐，抑制肉毒梭状芽孢杆菌的增殖，同时起到发色和增加风味的作用。按照我国食品安全国家标准规定使用亚硝酸盐是安全的，但如果长期摄入（误食或超量摄入）较大量的亚硝酸盐，则容易引起急性中毒。

限量要求： 原卫生部公告2012年第10号《卫生部国家食药监管局关于禁止餐饮服务单位采购、贮存、使用食品添加剂亚硝酸盐的公告》规定，餐饮食品中亚硝酸盐不得使用。

参比方法： GB 5009.33—2016《食品安全国家标准　食品中亚硝酸盐与硝酸盐的测定——第二法分光光度法》。

快速检测方法检出限： 1 mg/kg。

测试注意事项：

（1）亚硝酸盐在多种食品基质中存在本底干扰，若测试结果接近10 mg/kg时，应排除是否为本底干扰，若高于10 mg/kg时，判定为阳性结果，并对结果进行确证。

（2）由于色阶卡目视判读存在一定误差，为尽量避免出现假阴性结果，读数时遵循就高不就低的原则。

（3）待测样品中若存在高含量的亚硫酸氢钠、抗坏血酸或酱油时，会对本法的显色结果产生一定影响，检测时应予以注意。

（4）该方法要求温度15～35℃，湿度≤80%，或根据快速检测产品具体要求调整。

（5）其他注意事项参照第3章"样品检测及注意事项"中的相关内容。

（五）水产品中硝基呋喃类代谢物的快速检测　胶体金免疫层析法（KJ 201705）

方法原理： 竞争抑制免疫层析原理。

适用范围： 鱼肉、虾肉、蟹肉等水产品。

测试目标物： 呋喃唑酮代谢物（AOZ）、呋喃它酮代谢物（AMOZ）、呋喃西林代谢物（SEM）、呋喃妥因代谢物（AHD）。

风险解读： 硝基呋喃类广谱抗生素曾广泛应用于畜禽及水产养殖业。硝基呋喃类原型药在生物体内代谢迅速，和蛋白质结合而相当稳定，故常利用对其代谢物的检测来反映硝基呋喃类药物的残留状况。长期食用硝基呋喃代谢物超标的食品，可能引起溶血性贫血、多发性神经炎、眼部损害和急性肝坏死等，对人体健康造成危害。

限量要求： 全国食品安全整顿工作办公室《食品中可能违法添加的非食用物质和易滥用的食品添加剂名单（第四批）》规定，在动物性水产品中硝基呋喃类代谢物不得检出。

参比方法：GB/T 21311—2007《动物源性食品中硝基呋喃类药物代谢物残留量检测方法　高效液相色谱/串联质谱法》。

快速检测方法检出限：AOZ、AMOZ、SEM、AHD均为0.5 μg/kg。

测试注意事项：

（1）取有代表性样品的可食部分，鱼去鳞后取带皮肌肉组织，甲壳类（虾、蟹等）试样制备时须去除头部取样。

（2）样品应尽量新鲜，避光冷藏保存。

（3）该方法要求环境温度15～35℃，湿度≤80%，或根据快速检测产品具体要求调整。

（4）其他注意事项参照第3章"样品检测及注意事项"中的相关内容。

（六）动物源性食品中克伦特罗、莱克多巴胺及沙丁胺醇的快速检测　胶体金免疫层析法（KJ 201706）

方法原理：竞争抑制免疫层析原理。

适用范围：猪肉、牛肉等动物肌肉组织。

测试目标物：克伦特罗、莱克多巴胺、沙丁胺醇。

风险解读：克伦特罗、莱克多巴胺、沙丁胺醇属于β-肾上腺素受体激动剂，作为饲料添加剂用于畜牧生产，对动物有明显的促进生长、提高瘦肉率及减少脂肪的效果。长期食用检出克伦特罗、莱克多巴胺、沙丁胺醇的食品可能会引起中毒，对人体健康造成危害。

限量要求：全国食品安全整顿工作办公室《食品中可能违法添加的非食用物质和易滥用的食品添加剂名单（第四批）》的规定，在猪肉、牛羊肉及肝脏等中不得检出。

参比方法：GB/T 22286—2008《动物源性食品中多种β-受体激动剂残留量的测定　液相色谱串联质谱法》。

快速检测方法检出限：克伦特罗、莱克多巴胺、沙丁胺醇检出限均为0.5 μg/kg。

测试注意事项：

（1）克伦特罗试剂盒可能与沙丁胺醇、特布他林、西马特罗等有交叉反应，当结果判定为阳性时，应对结果进行确证。

（2）沙丁胺醇试剂盒可能与克伦特罗、特布他林、西马特罗等有交叉反应，当结果判定为阳性时，应对结果进行确证。

（3）选取肌肉组织取样，样品应尽量新鲜，若不能及时检测，样本可在2～8℃冷藏保存24小时；避免使用冷冻过的组织样本。

（4）该方法要求环境温度10～40℃，湿度≤80%，或根据快速检测产品具体要求调整。

（5）其他注意事项参照第3章"样品检测及注意事项"中的相关内容。

（七）食品中吗啡、可待因的快速检测　胶体金免疫层析法（KJ 201707）

方法原理：竞争抑制免疫层析原理。

适用范围：经调味料、火锅底料、麻辣烫底料或其他食用汤料等勾兑、调配或添加形成的液体食品；经调味酱、调味油脂、火锅底料、麻辣烫底料、蘸料或其他调味料等勾兑、调配或添加形成的半固体食品，酱油；经香辛香料、复合调味料等勾兑、调配或添加形成的固体食品，食用醋（含以食用醋为主的调味料）。

测试目标物：吗啡、可待因。

风险解读：吗啡、可待因是罂粟壳中含有的生物碱类物质。罂粟壳属于麻醉药品管制品种，禁止在食品及烹饪中添加。长期食用添加了罂粟壳的食品，可能导致慢性中毒，损害人体消化系统和神经系统，还会产生一定的依赖性，最终使人上瘾。

限量要求：《食品中可能违法添加的非食用物质和易滥用的食品添加剂品种名单（第一批）》规定，火锅底料中罂粟壳成分不得检出。

参比方法：DB 31/2010—2012《火锅食品中罂粟碱、吗啡、那可丁、可待因和蒂巴因的测定　液相色谱-串联质谱法》（包括所有的修改单）。

快速检测方法检出限：经调味料、火锅底料、麻辣烫底料或其他食用汤料等勾兑、调配或添加形成的液体食品，吗啡、可待因均为 40 μg/kg；经调味酱、调味油脂、火锅底料、麻辣烫底料、蘸料或其他调味料等勾兑、调配或添加形成的半固体食品，酱油：吗啡、可待因均为 40 μg/kg；香辛香料、复合调味料等勾兑、调配或添加形成的固体食品，食用醋（含以食用醋为主的调味料）：吗啡、可待因均为 100 μg/kg。

测试注意事项：

（1）直接取样或样品提取后取样时，应尽量避免吸取油脂层或沉淀。半固体或固体样品由于含有大量油脂，可 70℃水浴加热，分散油脂，有助目标物提取。

（2）该方法要求环境温度 10～40℃，相对湿度≤80%，或根据快速检测产品具体要求调整。

（3）其他注意事项参照第 3 章"样品检测及注意事项"中的相关内容。

（八）食用油中黄曲霉毒素 B_1 的快速检测　胶体金免疫层析法（KJ 201708）

方法原理：竞争抑制免疫层析原理。

适用范围：花生油、玉米油、大豆油及其他植物油脂等食用油。

测试目标物：黄曲霉毒素 B_1。

风险解读：黄曲霉毒素 B_1 是一种强致癌性的真菌毒素。其毒性作用主要是对肝脏的损害。植物油中黄曲霉毒素 B_1 超标可能是因为原料在储存过程中温度、湿度等条件控制不当；生产前对原料把关不严；精炼工艺不达标或工艺控制不当等导致。

限量要求：GB 2761—2017《食品安全国家标准　食品中真菌毒素限量》规定，黄曲霉毒素在植物油脂（花生油、玉米油除外）中为 10 μg/kg，在花生油、玉米油中为 20 μg/kg。

参比方法：GB 5009.22—2016《食品安全国家标准　食品中黄曲霉毒素 B 族和 G 族的测定》、SN/T 3868—2014《出口植物油中黄曲霉毒素 B_1、B_2、G_1、G_2 的检测　免疫亲和柱净化高效液相色谱法》。

快速检测方法检出限：玉米油、花生油为 20 μg/kg；其他植物油脂为 10 μg/kg。

测试注意事项：

（1）该方法使用试剂盒可能与黄曲霉毒素 B_2、黄曲霉毒素 M_1、黄曲霉毒素 M_2、黄曲霉毒素 G_1、黄曲霉毒素 G_2 存在交叉反应，当结果判定为阳性时应进行确证。

（2）该方法要求环境温度15～35℃，湿度≤80%，或根据快速检测产品具体要求调整。

（3）其他注意事项参照第3章"样品检测及注意事项"中的相关内容。

（九）液体乳中黄曲霉毒素 M_1 的快速检测　胶体金免疫层析法（KJ 201709）

方法原理：竞争抑制免疫层析原理。

适用范围：生鲜乳、巴氏杀菌乳、灭菌乳。

测试目标物：黄曲霉毒素 M_1。

风险解读：黄曲霉毒素 M_1 是一种剧毒物质，其危害性在于对人及动物肝组织有破坏作用，有很强的致癌性。乳制品中残留的黄曲霉毒素 M_1 通常是哺乳动物摄入被黄曲霉毒素 B_1 污染的饲料所致，哺乳动物摄入黄曲霉毒素 B_1，一部分蓄积于动物组织，另一部分代谢形成黄曲霉毒素 M_1，主要存在于乳汁和尿液中。黄曲霉毒素 M_1 不易溶于水，具有耐热性，通常的烹调条件下不易被破坏，也无法在生产乳制品的高温灭菌环节消除。

限量要求：GB 2761—2017《食品安全国家标准　食品中真菌毒素限量》规定，黄曲霉毒素 M_1 限量为0.5 μg/kg。

参比方法：GB 5009.24—2016《食品安全国家标准　食品中黄曲霉毒素M族的测定》。

快速检测方法检出限：0.5 μg/kg。

测试注意事项：

（1）该方法使用试剂盒可能与黄曲霉毒素 B_1、黄曲霉毒素 M_2、黄曲霉毒素 G_1 和黄曲霉毒素 G_2 存在交叉反应，当结果判定为阳性时应进行确证。

（2）该方法要求环境温度15～35℃，湿度≤80%，或根据快速检测产品具体要求调整。

（3）其他注意事项参照第3章"样品检测及注意事项"中的相关内容。

（十）蔬菜中敌百虫、丙溴磷、灭多威、克百威、敌敌畏残留的快速检测（KJ 201710）

方法原理：酶抑制（率）法。

适用范围：油菜、菠菜、芹菜、韭菜等蔬菜。

测试目标物：敌百虫、丙溴磷、灭多威、克百威、敌敌畏。

风险解读：敌百虫、丙溴磷、敌敌畏是有机磷杀虫剂，灭多威和克百威是高毒性氨基甲酸酯类杀虫剂。少量的农药残留一般不会引起急性中毒，但长期食用农药残留超标的水果，对人体健康有一定影响。

限量要求：GB 2763—2019《食品安全国家标准　食品中农药最大残留限量》规定，敌百虫0.2 mg/kg，灭多威0.2 mg/kg，克百威0.02 mg/kg，敌敌畏0.2 mg/kg。

参比方法：NY/T 761—2008《蔬菜和水果中有机磷、有机氯、拟除虫菊酯和氨基甲酸酯类农药多残留的测定》。

快速检测方法检出限：敌百虫0.1 mg/kg，丙溴磷0.5 mg/kg，灭多威0.2 mg/kg，克百威0.02 mg/kg，敌敌畏0.2 mg/kg。

测试注意事项：

（1）基于酶抑制率法的快速检测试剂盒一般需要冷藏保存。

（2）反应3 min的吸光度变化ΔA_0值应控制在0.2～0.3，根据测定值，增加或减少酶量，使ΔA_0值控制在0.2～0.3。

（3）当检测结果为阳性时，应采用其他分析方法进行确证，进一步确定农药种类和含量。

（4）该方法要求温度15～30℃，湿度≤80%，或根据快速检测产品具体要求调整。

（5）其他注意事项参照第3章"样品检测及注意事项"中的相关内容。

（十一）辣椒制品中苏丹红Ⅰ的快速检测　胶体金免疫层析法（KJ 201801）

方法原理：竞争抑制免疫层析原理。

适用范围：辣椒酱、辣椒油、辣椒粉等辣椒制品。

测试目标物：苏丹红Ⅰ。

风险解读：苏丹红是一种亲脂性偶氮化合物，主要包括Ⅰ、Ⅱ、Ⅲ和Ⅳ 4种类型，是一种人工合成的红色染料，常作为工业染色，禁止人为添加到食品中。食品中添加苏丹红是由于其性质稳定，对光照不敏感，不易褪色，而且价格便宜，因此有不法分子将其代替食用色素添加到食品中用于增色。苏丹红Ⅰ具有致敏性，可引起人体皮炎，人体长期摄入苏丹红可能造成肝、脾等器官损伤。国际癌症研究机构将苏丹红归为第3类致癌物，即动物致癌性，尚不能确定是否对人类有致癌作用。

限量要求：全国食品安全整顿工作办公室关于印发《食品中可能违法添加的非食用物质和易滥用的食品添加剂品种名单（第五批）》（整顿办函〔2011〕1号）规定，在含辣椒类的食品（辣椒酱、辣味调味品）中苏丹红不得检出。

参比方法：GB/T 19681—2005《食品中苏丹红染料的检测方法　高效液相色谱法》。

快速检测方法检出限：10 μg/kg。

测试注意事项：

（1）苏丹红Ⅰ与苏丹红Ⅱ、苏丹红Ⅲ、苏丹红Ⅳ均有交叉反应，当结果判定为阳性时应进行确证。

（2）该方法要求温度15～35℃，湿度≤80%，或根据快速检测产品具体要求调整。

（3）其他注意事项参照第3章"样品检测及注意事项"中的相关内容。

（十二）保健食品中西地那非和他达拉非的快速检测　胶体金免疫层析法（KJ 201901）

方法原理：竞争抑制免疫层析原理。

适用范围：声称具有抗疲劳、调节免疫等功能的保健食品。

测试目标物：西地那非和他达拉非。

风险解读：西地那非和他达拉非均为治疗男性勃起障碍的处方药物，服用时有严格的适应证、禁忌证，在食品或保健食品中检出说明存在企业非法添加行为。短期服用添加了此类物质的保健食品不会产生明显危害，但长期过量食用存在健康风险。其中，西地那非非法添加可能会产生头痛、视觉异常等不良反应，他达拉非非法添加可能会导致血压轻度、短暂降低，并伴随头痛和消化不良等不良反应。

限量要求：食品补充检验方法BJS 201710《保健食品中75种非法添加化学药物的检测》、药品检验补充检验方法2009030《补肾壮阳类中成药中PDE-5型抑制剂的快速检测方法》规定，保健食品中西地那非和他达拉非不得检出。

参比方法：食品补充检验方法BJS 201710《保健食品中75种非法添加化学药物的检测》、药品检验补充检验方法2009030《补肾壮阳类中成药中PDE-5型抑制剂的快速检测方法》。

快速检测方法检出限：固体样品1.0 μg/g，液体样品1.0 μg/mL。

测试注意事项：

（1）西地那非试剂盒可能与那莫西地那非、豪莫西地那非、羟基豪莫西地那非、伪伐地那非、伐地那非、硫代艾地那非存在交叉反应；他达拉非试剂盒可能与氨基他达拉非、去甲基他达拉非存在交叉反应；当结果判定为阳性应对结果进行确证。

（2）本方法要求温度10～40℃，相对湿度≤80%，或根据快速检测产品具体要求调整。

（3）其他注意事项参照第3章"样品检测及注意事项"中的相关内容。

（十三）保健食品中罗格列酮和格列苯脲的快速检测　胶体金免疫层析法（KJ 201902）

方法原理：竞争抑制免疫层析原理。

适用范围：声称具有辅助降血糖功能的保健食品。

测试目标物：罗格列酮和格列苯脲。

风险解读：罗格列酮和格列苯脲都属于降糖类处方药，有严格的适应证和用法用量、禁忌证等要求，在食品或保健食品中检出说明存在企业非法添加行为。患者在不知情的情况下摄入，很可能同时服用其他降糖药物，在联合用药的情况下容易加重病情，或引起严重的不良反应。

限量要求：食品补充检验方法BJS 201710《保健食品中75种非法添加化学药物的检测》、药品检验补充检验方法2009029《降糖类中成药中非法添加化学药品补充检验方法》规定，保健食品中罗格列酮和格列苯脲不得检出。

参比方法：食品补充检验方法BJS 201710《保健食品中75种非法添加化学药物的检测》、药品检验补充检验方法2009029《降糖类中成药中非法添加化学药品补充检验方法》。

快速检测方法检出限：固体样品1.0 μg/g，液体样品1.0 μg/mL。

测试注意事项：

（1）该方法使用罗格列酮试剂盒可能与吡格列酮存在交叉反应；格列苯脲试剂盒可能与格列美脲、格列齐特、格列吡嗪、格列喹酮、甲苯磺丁脲存在交叉反应；当结果判定为阳性应对结果进行确证。

（2）该方法要求温度范围10～40℃，相对湿度≤80%，或根据快速检测产品具体要求调整。

（3）其他注意事项参照第3章"样品检测及注意事项"中的相关内容。

（十四）保健食品中巴比妥类化学成分的快速检测　胶体金免疫层析法（KJ 201903）

方法原理： 竞争抑制免疫层析原理。

适用范围： 硬胶囊、软胶囊、丸剂、片剂、散剂及口服液等保健食品。

测试目标物： 巴比妥、苯巴比妥、异戊巴比妥、司可巴比妥钠。

风险解读： 巴比妥类药物是一类作用于中枢系统的镇静催眠药物，属于精神药品。国家对精神药品采取严格管制措施，以该类药物充当保健食品，在脱离医生指导的情况下使用会对服用者的健康造成威胁，长期使用还会导致成瘾性。在食品或保健食品中添加属于违法行为。

限量要求： 《国家食品药品监督管理总局药品检验补充检验方法和检验项目批准件》（批准件编号2009024）和食品补充检验方法BJS 201710《保健食品中75种非法添加化学药物的检测》规定，保健食品中巴比妥类化学成分不得检出。

参比方法： 《国家食品药品监督管理总局药品检验补充检验方法和检验项目批准件》（批准件编号2009024）和BJS 201710《保健食品中75种非法添加化学药物的检测》。

快速检测方法检出限： 巴比妥40 mg/kg、苯巴比妥40 mg/kg、异戊巴比妥60 mg/kg、司可巴比妥钠60 mg/kg。

测试注意事项：

（1）该方法要求温度15～35℃，湿度≤80%，或根据快速检测产品具体要求调整。

（2）其他注意事项参照第3章"样品检测及注意事项"中的相关内容。

（十五）水发产品中甲醛的快速检测（KJ 201904）

方法原理： 化学显色法。

适用范围： 银鱼、鱿鱼、牛肚、竹笋等水发产品及其浸泡液。

测试目标物： 甲醛。

风险解读： 甲醛是一种许多食物中的天然成分，分布广泛，尤其在水产品中作为一种代谢中间产物而普遍存在。食品中甲醛的本底残留不至于对人体健康造成危害，但使用甲醛浸泡水产品是违法添加行为。通过人为添加、用甲醛溶液浸泡引入食品中的甲醛含量一般会比较高，可能会危害人体健康，对人的神经系统、肺、肝均可产生影响。

限量要求：《食品中可能违法添加的非食用物质和易滥用的食品添加剂品种名单（第一批）》（食品整治办〔2008〕3号）规定，水产品中甲醛不得检出。

参比方法： SC/T 3025—2006《水产品中甲醛的测定　液相色谱法》或其他现行有效的甲醛检测标准。

快速检测方法检出限： 5 mg/kg（mg/L）。

测试注意事项：

（1）甲醛易与蛋白质的氨基结合形成结合态的蛋白质-甲醛复合物，影响检测结果，应充分沉淀蛋白，提高提取效率。

（2）对于比色卡法AHMT法和分光光度法AHMT法，加入高锰酸钾溶液混匀后，最少静置5 min，且在10 min内读数。

（3）对于乙酰丙酮法（分光光度法），加入乙酰丙酮溶液混匀后，最少沸水浴5 min才能充分显色，颜色最深，随时间延长颜色不再变化。

（4）甲醛在水产品中可能因自身代谢产生，并因品种个体差异及地域特点而有所区别，对于一些经研究本底含量较高的品种（如龙头鱼、鳕鱼、鱿鱼等）应根据实际情况进行结果判定。

（5）本方法要求温度15～35℃，湿度≤80%。

（十六）水产品中氯霉素的快速检测　胶体金免疫层析法（KJ 201905）

方法原理： 竞争抑制免疫层析原理。

适用范围： 水产品。

测试目标物： 氯霉素。

风险解读： 氯霉素是一种杀菌剂，也是高效广谱的抗生素，对革兰阳性菌和革兰阴性菌均有较好的抑制作用。氯霉素为禁用兽药，在动物性食品中不得检出。长期食用检出氯霉素的食品可能引起肠道菌群失调，导致消化功能紊乱。人体过量摄入氯霉素可能引起肝和骨髓造血功能的损害，导致再生障碍性贫血和血小板减少、肝损伤等健康危害。

限量要求： 全国食品安全整顿工作办公室《食品中可能违法添加的非食用物质和易滥用的食品添加剂名单（第四批）》规定，在生食水产品中氯霉素不得检出。

参比方法： GB/T 22338—2008《动物源性食品中氯霉素类药物残留量测定》（包括所有修改单）。

快速检测方法检出限： 0.1 μg/kg。

测试注意事项：

（1）该方法要求温度15～25℃，相对湿度≤60%，或根据快速检测产品具体要求调整。

（2）其他注意事项参照第3章"样品检测及注意事项"中的相关内容。

（十七）动物源性食品中喹诺酮类物质的快速检测　胶体金免疫层析法（KJ 201906）

方法原理： 竞争抑制免疫层析原理。

适用范围：生乳、巴氏杀菌乳、灭菌乳、猪肉、猪肝、猪肾。

测试目标物：洛美沙星、培氟沙星、氧氟沙星、诺氟沙星、达氟沙星、二氟沙星、恩诺沙星、环丙沙星、氟甲喹、噁喹酸喹诺酮类物质。

风险解读：喹诺酮类抗生素是人工合成的广谱抑菌药物，在动物体内的半衰期长，有良好的组织分布性，因此，喹诺酮类药物在动物机体组织中的残留期较长。长期摄入喹诺酮类药物超标的动物性食品，会引起轻度胃肠道刺激或不适，头痛、头晕、睡眠不良等症状，大剂量或长期摄入容易诱导耐药性的传递，还可能引起肝损害。

限量要求：农业农村部第2292号公告，在食品动物中洛美沙星、培氟沙星、氧氟沙星、诺氟沙星4种兽药不得检出；参照GB 31650—2019《食品安全国家标准　食品中兽药最大残留限量》规定，动物源性食品中喹诺酮类物质限量为恩诺沙星（指恩诺沙星与环丙沙星之和）：奶（牛/羊）和猪肉100 µg/kg、猪肝和猪肾200 µg/kg；达氟沙星：猪肌肉100 µg/kg、猪肝50 µg/kg、猪肾200 µg/kg；二氟沙星：猪肌肉400 µg/kg、猪肝和猪肾800 µg/kg；氟甲喹：奶（牛/羊）50 µg/kg、猪肌肉和猪肝500 µg/kg、猪肾3000 µg/kg；噁喹酸：猪肌肉100 µg/kg、猪肝和猪肾150 µg/kg。

参比方法：GB/T 21312—2007《动物源性食品中14种喹诺酮药物残留检测方法　液相色谱-质谱/质谱法》。

快速检测方法检出限：3 µg/kg。

测试注意事项：

（1）该方法要求温度15～35℃，湿度≤80%，或根据快速检测产品具体要求调整。

（2）其他注意事项参照第3章"样品检测及注意事项"中的相关内容。

（十八）液体乳中三聚氰胺的快速检测　胶体金免疫层析法（KJ 201907）

方法原理：竞争抑制免疫层析原理。

适用范围：巴氏杀菌乳、灭菌乳、调制乳和发酵乳。

测试目标物：三聚氰胺。

风险解读：三聚氰胺是一种化工原料，不是食品原料，也不是食品添加剂，禁止人为添加到食品中。在乳中违法添加该物质，主要是为了虚增乳中蛋白质含量，牟取不法利益。三聚氰胺是一种低毒的物质，该物质无遗传毒性，对人体健康的影响取决于摄入的量和摄入的时间。如果摄入的量大，时间较长，会在泌尿系统如膀胱和肾形成结石，影响人体健康。

限量要求：原中华人民共和国卫生部、中华人民共和国工业和信息化部、原中华人民共和国农业部、原国家工商行政管理总局、原国家质量监督检验检疫总局公告2011年第10号《关于三聚氰胺在食品中的限量值的公告》规定，婴儿配方食品中三聚氰胺的限量值为1 mg/kg，其他食品中三聚氰胺的限量值为2.5 mg/kg。

三聚氰胺是非食用物质，但有可能从环境、食品、包装材料等途径进入食品中。该限量值并非保护健康的标准，而是用于监管非法添加三聚氰胺。

参比方法：GB/T 22388—2008《食品安全国家标准　原料乳与乳制品中三聚氰胺检

测方法》。

快速检测方法检出限：2.5 mg/kg。

测试注意事项：

（1）三聚氰胺与灭蝇胺有交叉反应，当检测结果为阳性时，应对三聚氰胺结果进行确证。

（2）本方法要求温度15～35℃，湿度≤80%，或根据快速检测产品具体要求调整。

（3）其他注意事项参照第3章"样品检测及注意事项"中的相关内容。

（十九）液体乳中三聚氰胺的快速检测　拉曼光谱法（KJ 201908）

方法原理：拉曼光谱法分析技术。

适用范围：生鲜乳、灭菌乳、巴氏杀菌乳、调制乳和发酵乳等液态乳制品。

测试目标物：三聚氰胺。

风险解读：同（十八）中的风险解读。

限量要求：同（十八）中的限量要求。

参比方法：GB/T 22388—2008《食品安全国家标准　原料乳与乳制品中三聚氰胺检测方法》。

快速检测方法检出限：2.5 mg/kg。

测试注意事项：

（1）样品和促凝剂、增强试剂的混合要快速均匀。

（2）应严格控制测定时间。特征峰强度在一定时间内先增强后减弱，如测定时间过长会出现特征峰强度下降，会导致测定结果不准确。

（3）注意促凝剂和增强试剂的保存条件。另外，由于其相对其他快速检测试剂价格高，而且更易被污染，一旦被污染，则造成极大浪费。因此移取过程中要尤其注意遵循试剂"只进不出"的原则，从试剂瓶取出的试剂无论是否使用，只要已经吸取出来，就不能再放回原试剂瓶。

（二十）食品中硼酸的快速检测　姜黄素比色法（KJ 201909）

方法原理：化学比色法。

适用范围：粮食制品、淀粉及淀粉制品、糕点、豆制品、速冻食品（速冻面米食品、肉丸、蔬菜丸）。

测试目标物：硼酸。

风险解读：硼砂是一种含硼化合物，在酸性条件下以硼酸的形式存在，我国明令禁止将其作为食品添加剂使用。人体若摄入过多的硼，会引发多器官蓄积性中毒，影响人体消化道酶类发挥作用，对人体健康产生危害。

限量要求：《食品中可能违法添加的非食用物质和易滥用的食品添加剂品种名单（第一批）》（食品整治办〔2008〕3号）规定，食品中硼酸不得检出。

参比方法：GB 5009.275—2016《食品安全国家标准　食品中硼酸的测定》。

快速检测方法检出限：2.5 mg/kg。

测试注意事项：

（1）粉丝、粉条等干基样品加入水和硫酸溶液后需浸泡15 min，再进行后续处理。

（2）提取过程中，若有乳化现象，可低速离心。

（3）由于色阶卡目视判读存在一定误差，为尽量避免出现假阴性结果，读数时遵循就高不就低的原则。

（4）天然食品原料中存在硼的本底，判定结果时应考虑本底影响。

（二十一）食用油中苯并（a）芘的快速检测　胶体金免疫层析法（KJ 201910）

方法原理：竞争抑制免疫层析原理。

适用范围：食用油。

测试目标物：苯并（a）芘。

风险解读：苯并（a）芘是一种芳烃类化合物，在环境中广泛存在，具有一定致癌性、致畸性、致突变性。食用油中苯并（a）芘超标的原因，可能是油料收储、晾晒不当；从环境、包装、机械收获、运输等过程中引入污染；生产中关键工艺控制不当等。

限量要求：GB 2762—2017《食品安全国家标准　食品中污染物限量》规定，油脂及其制品中苯并（a）芘的限量为10 μg/kg。

参比方法：GB 5009.27—2016《食品安全国家标准　食品中苯并（a）芘的测定》。

快速检测方法检出限：10 μg/kg。

测试注意事项：

（1）该方法使用试剂盒可能与苯并（a）蒽、苯并（b）荧蒽、苯并（e）芘、苯并（j）荧蒽等物质存在交叉反应，当结果判定为阳性时应对结果进行确证。

（2）苯并（a）芘是一种已知的致癌物质，测定时应特别注意安全防护。测定应在通风橱中进行并戴手套，尽量减少暴露。如已污染了皮肤，应采用10%次氯酸钠水溶液浸泡和洗刷，在紫外线光下观察皮肤上有无蓝紫色斑点，一直洗到蓝色斑点消失为止。

（3）其他注意事项参照第3章"样品检测及注意事项"中的相关内容。

（二十二）食用植物油酸价、过氧化值的快速检测（KJ 201911）

方法原理：化学比色法。

适用范围：常温下为液态的食用植物油、食用植物调和油和食品煎炸过程中的各种食用植物油。

测试目标物：酸价、过氧化值。

风险解读：酸价反映了食品中油脂酸败的程度，酸价超标会有哈喇味，超标严重时会导致肠胃不适、腹泻并损害肝。过氧化值反映食品中油脂被氧化程度，食用过氧化值超标的食品，也可能导致肠胃不适、腹泻等症状。

限量要求：GB 2716—2018《食品安全国家标准　植物油》规定，食用植物油、食用植物调和油中过氧化值≤0.25 g/100 g，食品煎炸过程中的各种食用植物油中过氧化值不做检测。食用植物油、食用植物调和油中酸价≤3 mg/g，食品煎炸过程中的各种食用植物油中酸价≤5 mg/g。

参比方法：GB 5009.227—2016《食品安全国家标准　食品中过氧化值的测定》和GB 5009.229—2016《食品安全国家标准　食品中酸价的测定》。

快速检测方法检出限：①显色法。酸价：食用植物油 3 mg KOH/g；煎炸过程中的食用植物油 5 mg KOH/g；过氧化值：0.25 g/100 g。②试纸比色法。酸价 0.3 mg/g；过氧化值 0.06 g/100 g。

测试注意事项：

（1）待测食用油样品的温度应调整到 20～30℃。

（2）该方法要求温度 15～35℃，湿度≤80%，或根据快速检测产品具体要求调整。

（3）其他注意事项参照第3章"样品检测及注意事项"中的相关内容。

（二十三）白酒中甲醇的快速检测（KJ 201912）

方法原理：化学比色法。

适用范围：变色酸法适用于酒精度 18%～68% vol 的白酒；乙酰丙酮法适用于酒精度 34%～68% vol 的白酒。

测试目标物：甲醇。

风险解读：甲醇是一种比乙醇价格低，带有酒精气味且难以凭感官区别于食用酒精的工业原料，白酒在酿造过程中也会产生一定含量的甲醇，是酒中的有害成分，为白酒卫生标准中的重要控制指标之一。甲醇的轻度中毒反应和普通醉酒类似。甲醇过量摄入对人体有毒性作用，会导致中枢神经系统损伤、眼部损伤及代谢性酸中毒。

限量要求：白酒卫生标准，GB 2757—2012《食品安全国家标准　蒸馏酒及其配制酒》规定，以粮谷为主要原料，经发酵蒸馏、勾兑而成的酒类，甲醇的限量值为 0.6 g/L（以100%酒精度计）；其他酒类甲醇的限量值为 2.0 g/L（以100%酒精度计）。

参比方法：GB 5009.266—2016《食品安全国家标准　食品中甲醇的测定》。

快速检测方法检出限：变色酸法 0.4 g/L（以100%酒精度计）；乙酰丙酮法 0.6 g/L（以100%酒精度计）。

测试注意事项：

（1）为减少乙醇量对显色的干扰，变色酸法中待测液和对照液的乙醇量为5%，乙酰丙酮法中待测液和对照液的乙醇量为50%。此时背景显色弱，对照显色深，灵敏度最佳。

（2）该方法只适用于白酒检测，复杂的基质、酒中色素、香精香料、酒样澄明度等均会对检测过程产生干扰。

（3）为尽量避免出现假阴性结果，判读时遵循就高不就低的原则。

（4）当目视不能判定颜色深浅时，可采用分光光度计测定待测液与甲醇对照液 570 nm（变色酸法）/415 nm（乙酰丙酮法）处的吸光度进行比较判定。

（5）样本吸光值超过 0.8 时，需重新调整稀释倍数。

（二十四）食品中玉米赤霉烯酮快速检测　胶体金免疫层析法（KJ 201913）

方法原理： 竞争抑制免疫层析原理。

适用范围： 玉米、小麦及其碾磨加工品。

测试目标物： 玉米赤霉烯酮。

风险解读： 玉米赤霉烯酮主要是由禾谷镰刀菌、尖孢镰刀菌、木贼镰刀菌、雪腐镰刀菌等菌种产生的有毒代谢产物，主要存在于受真菌污染的玉米、小麦、高粱、大米等谷物中。其侵染作物主要发生在作物的耕作、收获、运输和贮存期间，在温度适中而湿度较高的环境中滋生镰刀菌，由镰刀菌产毒所致。玉米赤霉烯酮具有生殖发育毒性，在急性中毒的条件下，对人体神经系统、心、肾、肝和肺都有一定的毒害作用。

限量要求： GB 2761—2017《食品安全国家标准　食品中真菌毒素限量》规定，小麦、小麦粉和玉米、玉米面（渣、片）中玉米赤霉烯酮限量为 60 μg/kg。

参比方法： GB 5009.209—2016《食品安全国家标准　食品中玉米赤霉烯酮的测定》。

快速检测方法检出限： 60 μg/kg。

测试注意事项：

（1）玉米赤霉烯酮在谷物样品中的分布极不均匀，试样制备时应粉碎，过筛，混合均匀后取样。

（2）若样品能迅速静置分层，可静置至分层取上层液进行下一步实验；若样品不能迅速静置分层，可通过离心的方式分层。

（3）玉米赤霉烯酮与多个玉米赤霉烯酮结构类似物存在交叉反应，当结果判定为阳性时应进行确证。

（4）该方法要求温度 20～30℃，湿度 65%～80%，或根据快速检测产品具体要求调整。

（5）其他注意事项参照第 3 章"样品检测及注意事项"中的相关内容。

（二十五）食品中赭曲霉毒素 A 的快速检测　胶体金免疫层析法（KJ 202101）

方法原理： 竞争抑制免疫层析原理。

适用范围： 谷物（燕麦除外）、葡萄酒、烘焙咖啡豆、研磨咖啡（烘焙咖啡）和速溶咖啡。

测试目标物： 赭曲霉毒素 A。

风险解读： 赭曲霉毒素 A 是由多种生长在粮食（小麦、玉米、大麦、燕麦、黑麦、大米和黍类等）和蔬菜（豆类）等农作物上的曲霉和青霉产生的，现已发现有 7 种曲霉和 6 种青霉菌能产生赭曲霉毒素 A，但主要由纯绿青霉、赭曲霉和炭黑曲霉产生。赭曲霉毒素 A 可能会导致动物肾中毒、肝中毒、胚胎畸形和免疫系统中毒。

限量要求： GB 2761—2017《食品安全国家标准　食品中真菌毒素限量》谷物中赭曲霉毒素 A 限量为 5.0 μg/kg；葡萄酒中赭曲霉毒素 A 限量为 2.0 μg/kg；烘焙咖啡豆中赭曲霉毒素 A 限量为 5.0 μg/kg；研磨咖啡（烘焙咖啡）中赭曲霉毒素 A 限量为 5.0 μg/kg；速溶咖啡中赭曲霉毒素 A 限量为 10.0 μg/kg。

参比方法：GB 5009.96—2016《食品安全国家标准　食品中赭曲霉毒素A的测定》。

快速检测方法检出限：谷物为5 μg/kg；葡萄酒为2 μg/kg；烘焙咖啡豆、烘焙咖啡为5.0 μg/kg；速溶咖啡为10 μg/kg。

测试注意事项：

（1）赭曲霉毒素A在谷物、咖啡豆中的分布极不均匀，试样制备时应粉碎，过筛，混合均匀后取样。

（2）本方法要求温度15～30℃，相对湿度≤80%，或根据快速检测产品具体要求调整。

（3）其他注意事项参照第3章"样品检测及注意事项"中的相关内容。

（二十六）水产品中组胺的快速检测（KJ 202102）

方法原理：胶体金免疫层析法是竞争抑制免疫层析原理；偶氮试剂法-比色卡法。

适用范围：水产品（鱼类等）。

测试目标物：组胺。

风险解读：组胺主要是由于水产品中富含组氨酸的蛋白质经复杂生物化学作用和外源性微生物污染引起降解作用产生。可造成产品品质劣化并对人体产生一定的危害，食入过量的组胺会引起人体一系列的过敏和炎症。

限量要求：GB 2733—2015《食品安全国家标准　鲜、冻动物性水产品》中高组胺鱼类中组胺的限量为40 mg/100 g（高组胺鱼类指鲐鱼、鲹鱼、竹荚鱼、鲭鱼、鲣鱼、金枪鱼、秋刀鱼、马鲛鱼、青占鱼、沙丁鱼等青皮红肉海水鱼）；其他海水鱼类中组胺的限量为20 mg/100 g。

参比方法：GB 5009.208—2016《食品安全国家标准　食品中生物胺的测定》第一法：液相色谱法（包括所有的修改单）。

快速检测方法检出限：胶体金免疫层析法，高组胺鱼类400 mg/kg，其他海水鱼类200 mg/kg；偶氮试剂法-比色卡法为200 mg/kg。

测试注意事项：

（1）试样制备应去头、骨、内脏、鱼皮取肌肉组织，进行粉碎混匀，如需保存就密封，标记，于−20℃保存。

（2）如采用偶氮试剂法-比色卡法，由于色阶卡目视判读存在一定误差，为尽量避免出现假阴性结果，读数时遵循就高不就低的原则。

（3）偶氮试剂法-比色卡法可能与酪胺存在交叉反应，当结果判定为阳性时应对结果进行确证。

（4）本方法要求温度15～30℃，相对湿度≤80%，或根据快速检测产品具体要求调整。

（5）其他注意事项参照第3章"样品检测及注意事项"中的相关内容。

（二十七）食用植物油中天然辣椒素的快速检测　荧光免疫层析法（KJ 202103）

方法原理：竞争抑制免疫层析原理

适用范围：菜籽油、大豆油、花生油、芝麻油、玉米油、葵花籽油、茶籽油、橄榄油、调和油等食用植物油。

测试目标物：天然辣椒素。

风险解读：地沟油，泛指在生活中存在的各类劣质油，如回收的食用油、反复使用的炸油等，天然辣椒素是食用辣椒果实中产生辣味的物质。食用植物油中天然辣椒素超标可能是该油脂样品存在异常，提示存在使用餐厨回收油脂的可能。

限量要求：本项目不加限量要求及解释。

快速检测方法检出限：0.4 μg/kg。

测试注意事项：

（1）环境条件：温度15～35℃，相对湿度≤80%。

（2）天然辣椒素荧光免疫层析试剂盒需在阴凉、干燥、避光条件下保存。使用时，需恢复至室温。

（3）每批样品应同时进行空白试验和加标质控试验，空白试样应经参比方法检测。

（4）试剂盒快速检测结果仅作定性筛选判定。当出现阳性结果时，采用参比方法进行确证。

（5）其他注意事项参照第3章"样品检测及注意事项"中的相关内容。

（二十八）面制品中铝残留量的快速检测　比色法（KJ 202104）

方法原理：化学比色法。

适用范围：油条、油饼、麻花、馓子等油炸面制品。

测试目标物：铝。

风险解读：硫酸铝钾（又名"钾明矾"）、硫酸铝铵（又名"铵明矾"）是食品加工中常用的膨松剂和稳定剂，使用后会产生铝残留。面制品中铝的残留量超标的原因，可能是商家过量使用相关食品添加剂。长期摄入铝残留超标的食品，可能影响人体对铁、钙等营养元素的吸收，从而导致骨质疏松、贫血等，甚至影响神经细胞的发育。

限量要求：GB 2760—2014《食品安全国家标准　食品添加剂使用标准》规定，在油炸面制品中铝的残留量≤100 mg/kg。

参比方法：GB 5009.182—2017《食品安全国家标准　食品中铝的测定》第一法。

快速检测方法检出限：25 mg/kg。

测试注意事项：

（1）环境条件：温度15～35℃。

（2）铝残留量快速检测试剂盒，需在阴凉、干燥、避光条件下保存，使用前，需恢复至室温。

（3）每批样品应同时进行空白试验（本底值小于5 mg/kg）和加标质控试验。

（4）试剂盒快速检测结果仅作定性筛选判定。当出现阳性结果时，采用参比方法进行确证。

（5）其他注意事项参照第3章"样品检测及注意事项"中的相关内容。

（二十九）水产品中地西泮残留的快速检测   胶体金免疫层析法（KJ 202105）

方法原理：竞争抑制免疫层析原理。

适用范围：鱼、虾。

测试目标物：地西泮。

风险解读：地西泮又名"安定"，为镇静剂类药物，具有镇静、催眠、抗焦虑等作用。活乌鱼中检出地西泮的原因，可能是养殖户在养殖过程中违规使用相关兽药。地西泮会在鱼体内永久性残留，可通过食物链传递给人类。食用检出地西泮的食品，可能引起人体疲乏嗜睡、动作失调、精神错乱等症状，甚至可能导致昏迷、心律失常等。

限量要求：GB 31650—2019《食品安全国家标准 食品中兽药最大残留限量》规定，在鱼和虾中均不得检出。

参比方法：SN/T 3235—2012《出口动物源食品中多类禁用药物残留量检测方法 液相色谱-质谱/质谱法》（包括所有的修改单）。

快速检测方法检出限：0.5 μg/kg。

测试注意事项：

（1）环境条件：温度15～35℃，相对湿度≤80%。

（2）使用前，地西泮胶体金免疫层析试剂盒需恢复至室温。

（3）每批样品应同时进行空白试验和加标质控试验，空白试样应经参比方法检测且未检出地西泮。

（4）试剂盒快速检测结果仅作定性筛选判定。当出现阳性结果时，采用参比方法进行确证。

（5）其他注意事项参照第3章"样品检测及注意事项"中的相关内容。

（三十）玉米及其碾磨加工品中伏马毒素的快速检测   胶体金免疫层析法（KJ 202106）

方法原理：竞争抑制免疫层析原理。

适用范围：玉米及其碾磨加工品。

测试目标物：伏马毒素（以伏马毒素B_1、伏马毒素B_2、伏马毒素B_3总量计）。

风险解读：伏马毒素是一种霉菌毒素，主要损害肝肾功能，能引起马脑白质软化症和猪肺水肿等，对某些家畜产生急性毒性及潜在的致癌性。伏马毒素有很多种类，如伏马毒素B_1、伏马毒素B_2、伏马毒素B_3，其中伏马毒素B_1是其主要组分，主要污染玉米及玉米制品。伏马毒素B_1为水溶性霉菌毒素，对热稳定，不易被蒸煮破坏，玉米及其碾磨加工品中伏马毒素超标可能是因为农作物在生长、收获和储存过程中种植者把关不严，造成霉菌污染。

限量要求：《食品安全风险监测参考值（2021版）》规定，玉米及其碾磨加工品中伏马毒素为4 mg/kg。

参比方法：GB 5009.240—2016《食品安全国家标准 食品中伏马毒素的测定》（包

括所有的修改单）。

快速检测方法检出限： 玉米为 4 mg/kg；玉米碾磨加工品为 2 mg/kg。

测试注意事项：

（1）环境条件：温度 15～35℃，相对湿度≤80%。

（2）使用前，伏马毒素胶体金免疫层析试剂盒需恢复至室温。

（3）每批样品应同时进行空白试验和加标质控试验，空白试样应经参比方法检测，且伏马毒素含量小于 200 μg/kg。

（4）试剂盒快速检测结果仅作定性筛选判定。当出现阳性结果时，采用参比方法进行确证。

（5）其他注意事项参照第 3 章"样品检测及注意事项"中的相关内容。

二、原国家质量监督检验检疫总局、原卫生部、原国家粮食局等部委及省级、社会团体发布的部分代表性快速检测方法

（一）进出口肉及肉制品中盐霉素残留量检测方法　酶联免疫法（SN/T 0637—2011）

发布方： 原中华人民共和国国家质量监督检验检疫总局。

方法原理： 竞争性酶联免疫原理。

适用范围： 进出口鸡肉。

测试目标物： 盐霉素。

风险解读： 盐霉素是一种动物专用抗生素，对大多数革兰阳性菌和各种球虫有较强的抑制和杀灭作用，不易产生耐药性和交叉抗药性，排泄迅速，残留量极低，用于猪可防治腹泻、促生长、提高成活率，是一种新型的鸡用防球虫剂及仔猪、育肥猪的生长促进剂。盐霉素在饲料中滥用会使动物组织中盐霉素残留超标，长期食用盐霉素超标的动物食品会危害人体健康。

限量要求： GB 31650—2019《食品安全国家标准　食品中兽药最大残留限量》规定，肌肉残留限量 600 μg/kg、皮＋脂 1200 μg/kg。

酶联免疫方法检出限： 20 μg/kg。

测试注意事项：

（1）该方法所有操作要求温度为 20～25℃，试剂盒所有试剂的温度均应回升至 20～25℃后方可使用。

（2）所有温育过程应避免阳光直射，并按要求用盖板覆盖住酶标板。

（3）标准物质和显色液对光敏感，避免直接暴露在光线下。

（4）洗板要彻底（包括加样品和标准液时都必须充分混合均匀），充分洗板 4～5 次，ELISA 分析中的再现性，很大程度上取决于洗板的一致性，在洗板过程中如果出现板孔干燥过久的情况，则会出现标准曲线不成线性，重复性不好的现象。所以洗板拍干后应立即进行下一步操作。

（5）如被测样品中盐霉素残留量的值大于检出限，应用其他方法进行确证。

（6）其他注意事项参照第3章"样品检测及注意事项"中的相关内容。

（二）出口牛奶中β-内酰胺类和四环素类药物残留快速检测法 ROSA法（SN/T 3256—2012）

发布方： 原中华人民共和国国家质量监督检验检疫总局。

方法原理： 竞争抑制免疫层析原理。

适用范围： 出口牛奶。

测试目标物： β-内酰胺类（包括青霉素G、阿莫西林、氨苄西林、苯唑西林、邻氯青霉素、双氯青霉素、头孢氨苄、头孢唑啉、头孢噻呋等）和四环素类（包括四环素、金霉素、土霉素等）。

风险解读： β-内酰胺类（包括青霉素G、阿莫西林、氨苄西林、苯唑西林、邻氯青霉素、双氯青霉素、头孢氨苄、头孢唑啉、头孢噻呋等）抗生素系指化学结构中具有β-内酰胺环的一大类抗生素，对革兰阳性球菌及革兰阴性球菌，具有很强的抗菌活性。动物性产品的β-内酰胺类抗生素残留通常很低，一般不会导致对人体的急性毒性作用；长期大量摄入β-内酰胺类抗生素残留不合格的食品，可能因为代谢不完全在人体内蓄积，可引起过敏反应或耐药性菌株的产生。

四环素类（包括四环素、金霉素、土霉素等）是一类广谱抗生素，一般用于治疗衣原体、支原体感染。长期大量摄入四环素类残留超标的食品，可能在人体内蓄积，引起胃肠道症状、皮疹、嗜睡、口腔炎症、肝肾受损等。牛奶中四环素类超标的原因，可能是在养殖过程中为快速控制疫病，养殖户违规加大用药量或不遵守休药期规定。

限量要求： GB 31650—2019《食品安全国家标准 食品中兽药最大残留限量》规定，牛奶中青霉素G 4 μg/kg、阿莫西林4 μg/kg、氨苄西林4 μg/kg、苯唑西林30 μg/kg、邻氯青霉素 30 μg/kg、头孢氨苄100 μg/kg、头孢噻呋100 μg/kg、四环素100 μg/kg、金霉素100 μg/kg、土霉素100 μg/kg。

快速检测方法检出限： 青霉素G 3 μg/L、阿莫西林4 μg/L、氨苄西林3 μg/L、苯唑西林30 μg/L、邻氯青霉素30 μg/L、双氯青霉素30 μg/L、头孢氨苄20 μg/L、头孢唑啉15 μg/L、头孢噻呋4 μg/L、四环素10 μg/L、金霉素30 μg/L、土霉素30 μg/L。

测试注意事项：

（1）ROSA温育器恒温至（56±1）℃。

（2）新试剂盒使用前应先确认试剂条的有效性。首先使用青霉素G标准品和去离子水配制成100 μg/L的标准溶液，再使用阴性牛奶配制成青霉素G浓度为3 μg/L的溶液，按实验操作步骤测定，如果测定结果为阳性，证明试剂有效可用，如果测定结果为阴性，证明试剂失效不可用。

（3）该方法为初筛方法，阳性结果应用其他方法进行确证。

（4）其他注意事项参照第3章"样品检测及注意事项"中的相关内容。

（三）莱克多巴胺纳米磁快速检测方法　试纸法（SN/T 3503—2013）

发布方：原中华人民共和国国家质量监督检验检疫总局。

方法原理：竞争抑制免疫层析原理。

适用范围：动物源性食品。

测试目标物：莱克多巴胺。

风险解读：同《动物源性食品中克伦特罗、莱克多巴胺及沙丁胺醇的快速检测　胶体金免疫层析法》（KJ 201706）。

限量要求：《食品中可能违法添加的非食用物质和易滥用的食品添加剂名单（第四批）》（《整顿办函〔2010〕50 号》）规定，动物源性食品中莱克多巴胺不得检出。

快速检测方法检出限：0.1 μg/kg。

测试注意事项：

（1）先将待测样品和冲洗液恢复至 22～25℃。

（2）检查铝箔袋包装是否完好，若有破损或漏气不得使用。打开铝箔袋，将试纸条取出，检查纸条是否完好，若有破损或弯曲不得使用。

（3）将试纸条加样孔朝外平放在实验台面上。

（4）初筛阳性的样品应用仪器确证的方法（HPLC 或 LC-MS/MS）加以复核确证。

（5）其他注意事项参照第 3 章"样品检测及注意事项"中的相关内容。

（四）进出口动物源性食品中磺胺类药物残留量的检测方法　酶联免疫吸附法（SN/T 1960—2007）

发布方：原中华人民共和国国家质量监督检验检疫总局。

方法原理：竞争性酶联免疫原理。

适用范围：猪肉、鸡肉、猪肝、鸡蛋、鱼、牛奶等动物源性食品。

测试目标物：磺胺二甲异噁唑、磺胺噻唑、磺胺对甲氧嘧啶、磺胺甲氧嗪、磺胺吡啶、磺胺甲二唑、磺胺氯哒嗪 7 种磺胺类药物残留。

风险解读：磺胺类药物是一种人工合成的抗菌谱较广、性质稳定、使用简便的抗菌药，对大多数革兰阳性菌和阴性菌都有较强抑制作用，广泛用于防治鸡球虫病。动物源性食品中磺胺类超标的原因，可能是养殖户在养殖过程中违规使用相关兽药。摄入磺胺类（总量）超标的食品，可能引起皮疹、药热等过敏反应。

限量要求：《动物性食品中兽药最高残留限量》（农业部公告 第 235 号）中规定，磺胺类（总量）在所有食品动物的肌肉中最高残留限量值为 100 μg/kg。

快速检测方法检出限：磺胺二甲异噁唑，猪肉、鸡肉、鸡蛋、鱼为 2.5 μg/kg，猪肝 2 μg/kg，牛奶 4 μg/kg；磺胺噻唑，猪肉、鸡肉、鸡蛋、鱼为 5 μg/kg，猪肝 4 μg/kg，牛奶 8 μg/kg；磺胺对甲氧嘧啶，猪肉、鸡肉、鸡蛋、鱼为 10 μg/kg，猪肝 8 μg/kg，牛奶 16 μg/kg；磺胺甲氧嗪，猪肉、鸡肉、鸡蛋、鱼为 37.5 μg/kg，猪肝 30 μg/kg，牛奶 60 μg/kg；磺胺吡啶，猪肉、鸡肉、鸡蛋、鱼为 40 μg/kg，猪肝 32 μg/kg，牛奶 64 μg/kg；

磺胺甲二唑，猪肉、鸡肉、鸡蛋、鱼为 52.5 μg/kg，猪肝 42 μg/kg，牛奶 84 μg/kg；磺胺氯哒嗪，猪肉、鸡肉、鸡蛋、鱼为 75 μg/kg，猪肝 60 μg/kg，牛奶 120 μg/kg。

测试注意事项：

（1）试样应在 −18℃ 下保存，在制样过程中，应防止样品受到污染或发生残留含量的变化。

（2）酶联免疫试剂盒应该按照产品要求使用。对于低温保存试剂，放置室温不要超过 4 小时，各溶剂应达到室温。

（3）洗板要彻底（包括加样品和标准液时都必须充分混合均匀），充分洗板 3 次，ELISA 分析中的再现性，很大程度上取决于洗板的一致性，在洗板过程中如果出现板孔干燥过久的情况，则会出现标准曲线不成线性，重复性不好的现象。所以洗板拍干后应立即进行下一步操作。

（4）其他注意事项参照第 3 章 "样品检测及注意事项" 中的相关内容。

（五）进出口乳及乳制品中沙门氏菌快速检测方法　实时荧光 PCR 法（SN/T 2415—2010）

发布方：原中华人民共和国国家质量监督检验检疫总局。

方法原理：DNA 体外扩增技术。

适用范围：进出口乳及乳制品。

测试目标物：沙门氏菌。

风险解读：沙门氏菌是一种常见的食源性致病菌。食用被沙门氏菌污染的食物，可能会引起恶心、呕吐、腹痛、头痛、畏寒和腹泻等食物中毒症状，还伴有乏力、肌肉酸痛、视觉模糊、中等程度发热、躁动不安和嗜睡。沙门氏菌不合格原因可能有生产加工人员带菌造成污染，或者原料污染、生产过程卫生条件控制不当、杀菌不彻底、储运不当，或者生产过程中产品的交叉污染。

限量要求：《食品安全国家标准　预包装食品中致病菌限量》（GB 29921—2021）规定，制作乳中的沙门氏菌为 5 次检测结果均不得检出。

参比方法：GB 4789.4—2016《食品安全国家标准　食品微生物学检验　沙门氏菌检验》。

快速检测方法检出限：0/25 g。

测试注意事项：

（1）防止污染，实验室混样、样品制备、称量过程及操作过程应避免交叉污染。

（2）使用过的移液器吸头应放入含有 10% 次氯酸钠溶液的容器内浸泡，浸泡时间不宜超过 24 小时。

（3）含有 PCR 产物的所有液体及废弃物应放入含有 1 mol/L 盐酸容器中浸泡，浸泡时间不宜少于 6 小时。

（4）其他注意事项参照第 3 章 "样品检测及注意事项" 中的相关内容。

（六）蜂蜜中四环素族抗生素残留量测定方法　酶联免疫法（GB/T 18932.28—2005）

发布方： 原中华人民共和国国家质量监督检验检疫总局、中国国家标准化管理委员会。

方法原理： 竞争性酶联免疫原理。

适用范围： 蜂蜜。

测试目标物： 四环素族（土霉素、四环素、金霉素、多西环素等）抗生素。

风险解读： 四环素族（土霉素、四环素、金霉素、多西环素等）抗生素广泛用于支原体、衣原体和立克次氏体引起的感染。蜂蜜中检出四环素族的原因，可能是蜂农在养殖中未规范使用该类抗生素。

快速检测方法检出限： 15 μg/kg。

测试注意事项：

（1）操作之前将试剂盒中所有试剂平衡至产品说明书规定的温度，一般平衡至室温（20～25℃）。室温低于20℃或试剂及样品未回到室温会导致数值偏低。

（2）使用后迅速将试剂放入产品说明书规定的温度，一般是2～8℃冷藏。

（3）洗板要彻底（包括加样品和标准液时都必须充分混合均匀），充分洗板4～5次，ELISA 分析中的再现性，很大程度上取决于洗板的一致性，在洗板过程中如果出现板孔干燥过久的情况，则会出现标准曲线不成线性，重复性不好的现象。所以洗板拍干后应立即进行下一步操作。

（4）所有温育过程应避免阳光直射，标准物质和显色液对光敏感，避免直接暴露在光线下。

（5）出现阳性值时，需用液相色谱-串联质谱法（LC/MS-MS）（GB/T 18932.23）加以确证。

（6）其他注意事项参照第3章"样品检测及注意事项"中的相关内容。

（七）动物源性食品中庆大霉素残留量测定方法　酶联免疫法（GB/T 21329—2007）

发布方： 原中华人民共和国国家质量监督检验检疫总局、中国国家标准管理委员会。

方法原理： 竞争性酶联免疫原理。

适用范围： 肉类、内脏、水产品、牛奶和奶粉。

测试目标物： 庆大霉素。

风险解读： 庆大霉素是常用的氨基糖苷类抗生素。主要用于治疗细菌感染，尤其是革兰阴性菌引起的感染。长期食用庆大霉素超标的食物可能导致人体产生不良反应。

限量要求： 参照GB 31650—2019《食品安全国家标准　食品中兽药最大残留限量》规定，动物源性食品中庆大霉素限量为猪、牛（肌肉和脂肪）100 μg/kg，猪、牛（肝）

2000 μg/kg，猪、牛（肾）5000 μg/kg，牛（奶）200 μg/kg，鸡、火鸡（可食组织）100 μg/kg。

快速检测方法检出限： 肉类和水产品 10 μg/kg，内脏、牛奶和奶粉 20 μg/kg。

测试注意事项：

（1）操作之前将试剂盒中所有试剂平衡至产品说明书规定的温度，一般平衡至室温（20～25℃）。室温低于20℃或试剂及样品未回到室温会导致数值偏低。

（2）使用后迅速将试剂放入产品说明书规定的温度，一般是2～8℃冷藏。

（3）洗板要彻底（包括加样品和标准液时都必须充分混合均匀），充分洗板4～5次，ELISA分析中的再现性，很大程度上取决于洗板的一致性，在洗板过程中如果出现板孔干燥过久的情况，则会出现标准曲线不成线性，重复性不好的现象。所以洗板拍干后应立即进行下一步操作。

（4）所有温育过程应避免阳光直射，标准物质和显色液对光敏感，避免直接暴露在光线下。

（5）其他注意事项参照第3章"样品检测及注意事项"中的相关内容。

（八）动物源性食品中链霉素残留量测定方法　酶联免疫法（GB/T 21330—2007）

发布方： 原中华人民共和国国家质量监督检验检疫总局、中国国家标准化管理委员会。

方法原理： 竞争性酶联免疫原理。

适用范围： 肉类、内脏、水产品、牛奶、奶粉。

测试目标物： 链霉素。

风险解读： 链霉素是一种氨基糖苷类抗生素，主要对革兰阴性菌具有比较好的抗菌活性，是目前我国畜牧业和水产业中的常用药物之一。链霉素的毒副作用主要表现为对脑神经、听觉及肾脏的损害。动物源性食品中检出链霉素的原因可能有养殖中违规使用；没有严格执行休药期。

限量要求： 参照GB 31650—2019《食品安全国家标准　食品中兽药最大残留限量》规定，动物源性食品中链霉素及双氢链霉素总量限量为羊、鸡、猪、牛（肌肉、脂肪和肝）600 μg/kg，羊、鸡、猪、牛（肾）1000 μg/kg，牛（奶）200 μg/kg。

酶联免疫方法检出限： 肉类、内脏和水产品 50 μg/kg，牛奶和奶粉 20 μg/kg。

测试注意事项： 同（六）。

（九）蔬菜中有机磷和氨基甲酸酯类农药残留量的快速检测（GB/T 5009.199—2003）

发布方： 原中华人民共和国卫生部、中国国家标准化管理委员会。

1. 速测卡法（纸片法）

方法原理： 竞争抑制免疫层析原理。

适用范围： 蔬菜。

测试目标物： 甲胺磷、对硫磷、水胺硫磷、马拉硫磷、氧化乐果、乙酰甲胺磷、敌敌畏、敌百虫、乐果、久效磷、甲萘威、好年冬（丁硫克百威）、呋喃丹。

　　风险解读：甲胺磷、对硫磷、水胺硫磷、马拉硫磷、氧化乐果、乙酰甲胺磷、敌敌畏、敌百虫、乐果、久效磷是有机磷杀虫剂，甲萘威、好年冬（丁硫克百威）、呋喃丹是氨基甲酸酯类杀虫剂。有机磷类杀虫剂和氨基甲酸酯类杀虫剂主要是通过抑制乙酰胆碱酯酶活性，使害虫中毒。少量的农药残留一般不会引起急性中毒，但长期食用农药残留超标的水果，对人体健康有一定影响。

　　限量要求：参照 GB 2763—2019《食品安全国家标准　食品中农药最大残留限量》规定，甲胺磷，鳞茎类蔬菜、芸薹属类蔬菜、叶菜类蔬菜、茄果类蔬菜、瓜类蔬菜、豆类蔬菜、茎类蔬菜、根茎类和薯芋类蔬菜（萝卜除外）、水生类蔬菜、芽菜类蔬菜、其他类蔬菜 0.05 mg/kg、萝卜 0.1 mg/kg；对硫磷 0.01 mg/kg；水胺硫磷 0.05 mg/kg；马拉硫磷：玉米笋 0.02 mg/kg；芜菁、黄瓜 0.2 mg/kg；大蒜、结球甘蓝、花椰菜、番茄、茄子、辣椒、黄瓜、萝卜、胡萝卜、山药、马铃薯 0.5 mg/kg、洋葱、青花菜、樱桃番茄、石刁柏（芦笋）、茎用莴苣 1 mg/kg，菠菜、叶芥菜、豇豆、菜豆、食荚豌豆、扁豆、蚕豆、豌豆 2 mg/kg，芥蓝 5 mg/kg，菜薹 7 mg/kg，普通白菜、叶用莴苣、茎用莴苣叶、大白菜、甘薯、芋 8 mg/kg；氧化乐果 0.02 mg/kg；乙酰甲胺磷：鳞茎类蔬菜、芸薹属类蔬菜、叶菜类蔬菜、茄果类蔬菜、瓜类蔬菜、豆类蔬菜、茎类蔬菜（朝鲜蓟除外）、根茎类和薯芋类蔬菜、水生类蔬菜、芽菜类蔬菜、其他类蔬菜 1 mg/kg，朝鲜蓟 0.3 mg/kg；敌敌畏：鳞茎类蔬菜、芸薹属类蔬菜（结球甘蓝、花椰菜、青花菜、芥蓝、菜薹除外）、叶菜类蔬菜（菠菜、普通白菜、茎用莴苣叶、大白菜除外）、茄果类蔬菜、瓜类蔬菜、豆类蔬菜、茎类蔬菜（茎用莴苣除外）、根茎类和薯芋类蔬菜（萝卜、胡萝卜除外）、水生类蔬菜、芽菜类蔬菜、其他类蔬菜 0.2 mg/kg，结球甘蓝、菠菜、萝卜、胡萝卜 0.5 mg/kg，花椰菜、青花菜、芥蓝、菜薹、普通白菜、茎用莴苣 0.1 mg/kg；茎用莴苣叶 0.3 mg/kg；敌百虫鳞茎类蔬菜、芸薹属类蔬菜（结球甘蓝、花椰菜、青花菜、芥蓝除外）、叶菜类蔬菜（普通白菜、大白菜除外）、茄果类蔬菜、瓜类蔬菜、豆类蔬菜（菜用大豆除外）、茎类蔬菜（茎用莴苣除外）、根茎类和薯芋类蔬菜（萝卜、胡萝卜除外）、水生类蔬菜、芽菜类蔬菜、其他类蔬菜 0.2 mg/kg，结球甘蓝、花椰菜、普通白菜、菜用大豆 0.1 mg/kg，青花菜、萝卜、胡萝卜 0.5 mg/kg，芥蓝、茎用莴苣 1 mg/kg；乐果：皱叶甘蓝、甘薯 0.05 mg/kg，大蒜、洋葱、韭菜、葱、百合、抱子甘蓝 0.2 mg/kg，番茄、茄子、辣椒、豌豆、菜豆、蚕豆、扁豆、豇豆、食荚豌豆、芹菜、芦笋、朝鲜蓟、萝卜、胡萝卜、马铃薯、山药 0.5 mg/kg，结球甘蓝、花椰菜、菠菜、普通白菜、叶用莴苣、大白菜 1 mg/kg，西葫芦、芜菁 2 mg/kg，苦瓜 3 mg/kg；久效磷 0.03 mg/kg；甲萘威：磷鳞茎类蔬菜、芸薹属类蔬菜（结球甘蓝除外）、叶菜类蔬菜（普通白菜除外）、茄果类蔬菜（辣椒除外）、瓜类蔬菜、豆类蔬菜、茎类蔬菜、根茎类和薯芋类蔬菜（胡萝卜、甘薯除外）、水生类蔬菜、芽菜类蔬菜、其他类蔬菜（玉米笋除外）1 mg/kg，结球甘蓝 2 mg/kg，普通白菜 5 mg/kg，辣椒、胡萝卜 0.5 mg/kg，甘薯 0.02 mg/kg，玉米笋 0.1 mg/kg；好年冬（丁硫克百威）：韭菜、菠菜、普通白菜、芹菜、大白菜 0.05 mg/kg，番茄、茄子、辣椒、天骄、黄秋葵、菜用大豆 0.1 mg/kg，结球甘蓝、节瓜、甘薯 1 mg/kg，黄瓜 0.2 mg/kg；呋喃丹（克百威）：磷鳞茎类蔬菜、芸薹属类蔬菜、叶菜类蔬菜、茄果类蔬菜、瓜类蔬菜、豆类蔬菜、茎类蔬菜、根茎类和薯芋类蔬菜（马铃薯除外）、水生类蔬菜、芽菜类蔬菜、其他类蔬菜 0.02 mg/kg，马铃薯 0.1 mg/kg。

快速检测方法检出限：甲胺磷 1.7 mg/kg、对硫磷 1.7 mg/kg、水胺硫磷 3.1 mg/kg、马拉硫磷 2.0 mg/kg、氧化乐果 2.3 mg/kg、乙酰甲胺磷 3.5 mg/kg、敌敌畏 0.3 mg/kg、敌百虫 0.3 mg/kg、乐果 1.3 mg/kg、久效磷 2.5 mg/kg、甲萘威 2.5 mg/kg、好年冬（丁硫克百威）1.5 mg/kg、呋喃丹 0.5 mg/kg。

测试注意事项：

（1）葱、蒜、萝卜、韭菜、芹菜、香菜、茭白、蘑菇及番茄汁液中，含有对酶有影响的植物次生物质，容易产生假阳性。处理这类样品时，可采取整（体）蔬菜浸提。对一些含叶绿素较高的蔬菜，也可以采取整株（体）蔬菜浸提的方法，减少色素的干扰。

（2）当温度条件低于 37℃，酶反应的速度随之放慢，药片加液后放置反应的时间应相对延长。延长时间的确定，以空白对照卡用手指（体温）捏 3 min 时可以变蓝为准，即可往下操作，注意样品放置时间应与空白对照溶液放置时间一致才有可比性。空白对照卡不变色的原因：一是药片表面缓冲液加入量不够，预反应后的药片表面不够湿润；二是环境温度太低。

（3）红色药品与白色药品叠合反应的时间以 3 min 为准，3 min 后的蓝色会逐渐加深，24 小时后颜色会逐渐褪去。

（4）对阳性结果的样品，可用其他分析方法进一步确定具体农药品种和含量。

（5）其他注意事项参照第 3 章"样品检测及注意事项"中的相关内容。

2. 酶抑制率法（分光光度法）

方法原理：竞争抑制免疫层析原理。

适用范围：蔬菜。

测试目标物：同速测卡法（纸片法）。

风险解读：同速测卡法（纸片法）。

限量要求：同速测卡法（纸片法）。

快速检测方法检出限：同速测卡法（纸片法）。

测试注意事项：

（1）葱、蒜、萝卜、韭菜、芹菜、香菜、茭白、蘑菇及番茄汁液中，含有对酶有影响的植物次生物质，容易产生假阳性。处理这类样品时，可采取整（体）蔬菜浸提。对一些含叶绿素较高的蔬菜，也可以采取整株（体）蔬菜浸提的方法，减少色素的干扰。

（2）当温度条件低于 37℃，酶反应的速度随之放慢，加入酶液和显色剂后放置反应的时间相对延长。延长时间的确定，以胆碱酯酶空白对照测试 3 min 的吸光度变化值在 0.3 以上为准，即可往下操作，注意样品放置时间应与空白对照溶液放置时间一致才有可比性。胆碱酯酶空白对照溶液 3 min 的吸光度变化值小于 0.3 的原因：一是酶的活性不够；二是环境温度太低。

（3）对阳性结果的样品，可用其他分析方法进一步确定具体农药品种和含量。

（4）其他注意事项参照第 3 章"样品检测及注意事项"中的相关内容。

（十）蜂蜜中氯霉素残留量的测定方法　酶联免疫法（GB/T 18932.21—2003）

发布方：原中华人民共和国国家质量监督检验检疫总局。

方法原理：竞争性酶联免疫原理。

适用范围：蜂蜜。

测试目标物：氯霉素。

风险解读：同《水产品中氯霉素的快速检测　胶体金免疫层析法》（KJ 201905）

限量要求：根据中华人民共和国农业部公告第 193 号规定，动物源性食品中氯霉素不得检出。

快速检测方法检出限：0.3 μg/kg。

测试注意事项：同（六）。

（十一）动物源食品中阿维菌素类药物残留的测定　酶联免疫吸附法（GB/T 21319—2007）

发布方：原中华人民共和国国家质量监督检验检疫总局、中国国家标准化管理委员会。

方法原理：竞争性酶联免疫吸附原理。

适用范围：牛肝、牛肉。

测试目标物：阿维菌素、埃普利诺菌素、伊维菌素、多拉菌素、泰乐菌素、替米考星。

风险解读：阿维菌素类药物是由放线菌产生的一组大环内酯类抗生素，具有广谱、高效、低残留等特点。食用阿维菌素超标的食品，可能引起四肢无力、肌肉震颤等症状，甚至可能导致抽搐、昏迷等。

限量要求：GB 31650—2019《食品安全国家标准　食品中兽药最大残留限量》规定牛肝 100 μg/kg。

快速检测方法检出限：2 μg/kg。

测试注意事项：同（六）。

（十二）水产品中恩诺沙星、诺氟沙星和环丙沙星残留的快速筛选测定　胶体金免疫渗滤法（农业部 1077 号公告—7—2008）

发布方：原中华人民共和国农业部。

方法原理：竞争抑制免疫层析原理。

适用范围：水产品。

测试目标物：恩诺沙星、诺氟沙星、环丙沙星。

风险解读：同《动物源性食品中喹诺酮类物质的快速检测　胶体金免疫层析法》（KJ 201906）。

限量要求：根据中华人民共和国农业部公告第2292号规定，动物源性食品中诺氟沙星不得检出。GB 31650—2019《食品安全国家标准　食品中兽药最大残留限量》规定，恩诺沙星（残留标志物：恩诺沙星与环丙沙星之和）在鱼肉（皮＋肉）中的限量为100 μg/kg；在其他水产品中的限量为100 μg/kg。

快速检测方法检出限：恩诺沙星和环丙沙星均为10 μg/kg；诺氟沙星为20 μg/kg。

测试注意事项：

（1）试样制备参考SC/T 3016—2004《水产品抽样方法》。

（2）试剂盒应该保存在2～8℃的干燥避光环境中，使用前应将试剂盒及试剂放至室温。

（3）每次试验都需要做空白试验与质控试验。以磷酸盐缓冲液代替试样提取液作为空白对照组，膜片表面应不呈现红色或者其他任何色泽，否则应更换试剂盒重新进行测定。

（4）其他注意事项参照第3章"样品检测及注意事项"中的相关内容。

（十三）动物性食品中氟喹诺酮类药物残留检测　酶联免疫吸附法（农业部1025号公告—8—2008）

发布方：原中华人民共和国农业部。

方法原理：竞争性酶联免疫原理。

适用范围：动物源性食品中猪肌肉、鸡肌肉、鸡肝脏、蜂蜜、鸡蛋和虾。

测试目标物：恩诺沙星、环丙沙星、诺氟沙星、氧氟沙星、洛美沙星、噁喹酸、依诺沙星、培氟沙星、达氟沙星、氟甲喹、麻保沙星、氨氟沙星。

风险解读：同《动物源性食品中喹诺酮类物质的快速检测　胶体金免疫层析法》（KJ 201906）。

限量要求：恩诺沙星（恩诺沙星与环丙沙星之和），猪肌肉、鸡肌肉、虾为100 μg/kg，鸡肝脏为200 μg/kg，鸡蛋不得检出；诺氟沙星，动物源食品不得检出；氧氟沙星，动物源食品不得检出；洛美沙星，动物源食品不得检出；噁喹酸，猪肌肉、鸡肌肉为100 μg/kg，鸡肝脏为150 μg/kg，鸡蛋、虾中不得检出；培氟沙星，动物源食品不得检出；达氟沙星，猪肌肉为100 μg/kg，鸡肌肉为200 μg/kg，鸡肝脏为400 μg/kg，虾、鸡蛋不得检出；氟甲喹，猪肌肉、鸡肌肉、鸡肝脏为500 μg/kg，虾、鸡蛋不得检出。

快速检测方法检出限：本方法在组织（猪肌肉/肝脏、鸡肌肉/肝脏、鱼、虾）样品中氟喹诺酮类药物的检出限为3 μg/kg；在蜂蜜样品中氟哇诺酮类的检出限为5 μg/kg；鸡蛋样品中氟喹诺酮类的检出限为2 μg/kg。

测试注意事项：

（1）使用前应将试剂盒在室温（19～25℃）下放置1～2小时。

（2）需要做好空白试验与质控试验。取制备后的空白样品，作为空白材料。取制备后的空白样品，添加适宜浓度的标准溶液作为质控样品，同法操作。

（3）洗板要彻底（包括加样品和标准液时都必须充分混合均匀），充分洗板 4～5 次，ELISA 分析中的再现性，很大程度上取决于洗板的一致性，在洗板过程中如果出现板孔干燥过久的情况，则会出现标准曲线不成线性，重复性不好的现象。所以洗板拍干后应立即进行下一步操作。

（4）其他注意事项参照第 3 章"样品检测及注意事项"中的相关内容。

（十四）动物源食品中氯霉素残留检测　酶联免疫吸附法（农业部 1025 号公告—26—2008）

发布方： 原中华人民共和国农业部。

方法原理： 竞争性酶联免疫原理。

适用范围： 动物源食品（猪、鸡肌肉和肝脏、鱼、虾、肠衣、牛奶和禽蛋样本）。

测试目标物： 氯霉素。

风险解读： 同《水产品中氯霉素的快速检测　胶体金免疫层析法》（KJ 201905）。

限量要求： 全国食品安全整顿工作办公室《食品中可能违法添加的非食用物质和易滥用的食品添加剂名单（第四批）》规定，氯霉素在动物源食品中不得检出。

快速检测方法检出限： 在猪、鸡肌肉、肝脏、鱼、虾、牛奶样品中氯霉素的检出限为 50.0 ng/kg；在禽蛋和肠衣样品中氯霉素的检出限为 100.0 ng/kg。

本方法在样本中的定量限为 0.25 μg/kg（L）。

测试注意事项：

（1）样品基质为肝脏时，加入正己烷溶解干燥的残留物，再加入缓冲液后，不需要强烈振荡 1 min，只需要振荡 10 s 就可以防止样品乳化现象的发生。

（2）以 0.45 μg/L 标准液的吸光度值作为判定标准，样品吸光度值大于或等于该数值视为未检出，小于该数值为检出，应采用国标方法进行确证。

（3）洗板要彻底（包括加样品和标准液时都必须充分混合均匀），充分洗板 4～5 次，ELISA 分析中的再现性，很大程度上取决于洗板的一致性，在洗板过程中如果出现板孔干燥过久的情况，则会出现标准曲线不成线性，重复性不好的现象。所以洗板拍干后应立即进行下一步操作。

（4）使用前应将试剂盒在室温（19～25℃）下放置 30 min 以上，每种试剂在使用前充分摇匀。

（5）其他注意事项参照第 3 章"样品检测及注意事项"中的相关内容。

（十五）动物性食品中莱克多巴胺残留检测　酶联免疫吸附法（农业部 1025 号公告—6—2008）

发布方： 原中华人民共和国农业部。

方法原理： 竞争性酶联免疫原理。

适用范围：猪肉、猪肝和猪尿液。

测试目标物：莱克多巴胺。

风险解读：同《动物源性食品中克伦特罗、莱克多巴胺及沙丁胺醇的快速检测 胶体金免疫层析法》（KJ 201706）。

限量要求：《食品中可能违法添加的非食用物质和易滥用的食品添加剂名单（第四批）》（整顿办函〔2010〕50号）规定，克伦特罗、莱克多巴胺及沙丁胺醇均不得检出。

快速检测方法检出限：在猪肉、猪肝、尿液样品中莱克多巴胺的检出限依次为1.5 μg/kg（L）、1.4 μg/kg（L）、1.1 μg/kg（L）。

测试注意事项：

（1）使用前应将试剂盒在室温（19～25℃）下放置1～2小时。

（2）洗板要彻底（包括加样品和标准液时都必须充分混合均匀），充分洗板4～5次，ELISA分析中的再现性，很大程度上取决于洗板的一致性，在洗板过程中如果出现板孔干燥过久的情况，则会出现标准曲线不成线性，重复性不好的现象。所以洗板拍干后应立即进行下一步操作。

（3）显色时，需要在室温下避光显色。

（4）本方法筛选结果为阳性的样品，需要进行实验室进一步确证。

（5）其他注意事项参照第3章"样品检测及注意事项"中的相关内容。

（十六）粮油检验 稻米中镉的快速检测 固体进样原子荧光法（LS/T 6125—2017）

发布方：原中华人民共和国国家粮食局。

方法原理：原子蒸气激发产生原子荧光。

适用范围：稻米。

测试目标物：镉。

风险解读：镉为重金属元素，人体主要摄入来源为谷物及蔬菜，长期摄入会对肾脏、骨骼及消化系统造成累积性损害；甚至侵害免疫系统，引发肿瘤。对儿童的影响更为明显，长期摄入低剂量影响正常发育。

限量要求：GB 2762—2017《食品安全国家标准 食品中污染物限量》规定，稻谷、糙米、大米中镉的限量值为0.2 mg/kg，其中稻谷以糙米计。

快速检测方法检出限：方法检出限为0.01 ng，称样量为5 mg时，检出限为2 μg/kg。

测试注意事项：

（1）扦样及分样按GB/T 5491—1985《粮食、油料检验扦样、分样法》执行，过程中应注意避免污染。

（2）稻谷需脱壳制成糙米，取具有代表性的样品50 g粉碎至全部通过60目筛后混匀备用。

（3）需使用一次性碳素样品舟进样。

（4）回归方程线性相关系数 $R^2 > 0.995$。

（5）其他注意事项参照第3章"样品检测及注意事项"中的相关内容。

（十七）粮油检验　粮食中铅的快速测定　稀酸提取-石墨炉原子吸收光谱法（LS/T 6135—2018）

发布方： 国家粮食和物资储备局。

方法原理： 基态原子吸收原子共振辐射。

适用范围： 小麦、玉米、稻谷等谷物原粮及碾磨制品。

测试目标物： 铅。

风险解读： 铅为重金属污染元素，污染来源有食品在生产过程中由含铅原料或直接接触铅产生的直接污染和食品原料在生长生产过程中因环境污染导致的间接污染两种。人体主要摄入来源为食物、饮用水，长期摄入会对血液及神经系统造成累积性损害；对儿童正常成长及智力发育影响明显，铅慢性中毒会引发多类器官异常。

限量要求： GB 2762—2017《食品安全国家标准　食品中污染物限量》中的规定，谷物及碾磨制品中铅的限量值为0.2 mg/kg，其中稻谷以糙米计。

快速检测方法检出限： 0.016 mg/kg。

测试注意事项：

（1）实验所用玻璃仪器均需用50%（体积分数）硝酸浸泡过夜，用超纯水冲洗至少3遍后晾干使用。

（2）扦样及分样按GB/T 5491—1985《粮食、油料检验扦样、分样法》执行，过程中应注意避免污染。

（3）取具有代表性的样品粉碎，玉米及其碾磨加工品需全部通过60目筛，稻谷和小麦及其碾磨加工品需全部通过40目筛，混匀备用。

（4）回归方程线性相关系数 $R^2 > 0.995$。

（5）绘制标准曲线及测定样品时须同时注入 5 μL 浓度为 100 mg/L 的硝酸钯作为基体改进剂。

（6）其他注意事项参照第3章"样品检测及注意事项"中的相关内容。

（十八）粮油检验　谷物中黄曲霉毒素 B_1 的快速测定　免疫层析法（LS/T 6108—2014）

发布方： 原中华人民共和国国家粮食局。

方法原理： 竞争抑制免疫层析原理。

适用范围： 大米。

测试目标物： 黄曲霉毒素 B_1。

风险解读： 黄曲霉毒素 B_1 为化学性质十分稳定的强致癌物，人体大量摄入会引发中毒、呕吐，对人体多种器官造成危害，诱发癌症甚至导致死亡，主要对肝脏产生损害，诱发肝癌。

限量要求： GB 2761—2017《食品安全国家标准　食品中真菌毒素限量》规定，大米中黄曲霉毒素B_1的限量值为10 μg/kg。

测试注意事项：

（1）扦样及分样按GB/T 5491—1985《粮食、油料检验扦样、分样法》执行，过程中应注意避免污染。

（2）取具有代表性的样品粉碎，需全部通过20目筛，混匀备用。

（3）实验环境温度要求为20～30℃。

（4）检测卡表面应光滑平整，颜色均匀一致，纤维膜面无露底、气泡、麻点、起皱、刷痕等缺陷，点样孔应洁净，文字符号等字体端正、清晰、正确。

（5）当结果呈阳性时，需按照GB 2761中规定方法进行确证。

（6）其他注意事项参照第3章"样品检测及注意事项"中的相关内容。

（十九）粮油检验　粮食中脱氧雪腐镰刀菌烯醇测定　胶体金快速定量法（LS/T 6113—2015）

发布方： 原中华人民共和国国家粮食局。

方法原理： 竞争抑制免疫层析原理。

适用范围： 小麦、玉米等粮食及其制品。

测试目标物： 脱氧雪腐镰刀菌烯醇。

风险解读： 脱氧雪腐镰刀菌烯醇又名"呕吐毒素"，属于单端孢霉烯族毒素，主要在谷物原料生长、运输、贮藏等过程中引入污染，人体通过食物摄入后轻则食欲下降，影响正常代谢，重则导致呕吐、头疼、腹痛等不良反应。

限量要求： GB 2761—2017《食品安全国家标准　食品中真菌毒素限量》规定，小麦、玉米等粮食及其制品中脱氧雪腐镰刀菌烯醇的限量值为1000 μg/kg。

快速检测方法检出限： 120 μg/kg。

测试注意事项：

（1）扦样及分样按GB/T 5491—1985《粮食、油料检验扦样、分样法》执行，过程中应注意避免污染。

（2）取具有代表性的样品粉碎，需全部通过20目筛，混匀备用。

（3）不同厂家的检测产品适用样品处理及使用方法可能有所不同，应按照使用说明进行操作。

（4）阴性质控的检测结果应小于100 μg/kg，且阳性质控样品检测结果为500～1500 μg/kg。

（5）其他注意事项参照第3章"样品检测及注意事项"中的相关内容。

（二十）水产品中孔雀石绿及其代谢物残留量的快速筛选测定——酶联免疫吸附法（DB 34/T 1421—2011）

发布方： 安徽省质量技术监督局。

方法原理：竞争性酶联免疫原理。

适用范围：水产品。

测试目标物：孔雀石绿及其代谢物隐色孔雀石绿。

风险解读：同《水产品中孔雀石绿的快速检测　胶体金免疫层析法》（KJ 201701）

限量要求：《中华人民共和国农业农村部公告 第250号》规定，水产品中孔雀石绿及其代谢物隐性孔雀石绿不得使用。

快速检测方法检出限：0.1 μg/kg。

测试注意事项：

（1）操作之前将试剂盒中所有试剂在室温（20～25℃）下放置1～2小时。室温低于20℃或试剂及样品未回到室温会导致数值偏低。

（2）使用后迅速将试剂放入产品说明书规定的温度，一般是2～8℃冷藏。（孔雀石绿酶联免疫试剂盒超过1个月不得使用，生物素耦合物、辣根过氧化物酶标记的链亲和素以及标准品应保存在−20℃。其他试剂应在2～8℃的温度下储存。不同批次的试剂盒不可混用）

（3）洗板要彻底（包括加样品和标准液时都必须充分混合均匀），充分洗板4～5次，ELISA分析中的再现性，很大程度上取决于洗板的一致性，在洗板过程中如果出现板孔干燥过久的情况，则会出现标准曲线不成线性、重复性不好的现象。所以洗板拍干后应立即进行下一步操作。

（4）样品前处理操作时，勿用蓝、黑记号笔标记样品，可选择红色油性笔标记。

（5）出现阳性值时（超过相关标准、规定的限量值），需用液相色谱-串联质谱法（LC/MS-MS）加以确证。

（6）其他注意事项参照第3章"样品检测及注意事项"中的相关内容。

（二十一）动物组织中氯丙嗪的残留测定——酶联免疫吸附法（DB 34/T 1373—2011）

发布方：安徽省质量技术监督局。

方法原理：竞争性酶联免疫原理。

适用范围：猪、牛、鸡肌肉和肝脏。

测试目标物：氯丙嗪。

风险解读：氯丙嗪又名"冬眠灵"，属镇静剂类药物，该药物具有镇静、镇吐、降温、催眠、扩张血管等作用，在饲料中添加氯丙嗪会使动物嗜睡少动以达到催肥促生长的作用。动物产品的氯丙嗪残留，一般不会导致对人体的急性毒性作用；长期大量摄入氯丙嗪残留超标的食品，可能在人体内蓄积，产生口干、视物不清、上腹不适、乏力、嗜睡、便秘、心悸、肝功异常等。

限量要求：《食品安全国家标准　食品中兽药最大残留限量》（GB 31650—2019）规定，氯丙嗪被列入允许做治疗用，但不得在动物性食品中检出。

快速检测方法检出限：50 μg/kg。

测试注意事项：

（1）采集的动物组织应保存于−18℃的冰柜中，用前恢复至室温，备用。

（2）使用前将所有试剂平衡至产品说明书规定的温度，一般平衡至室温（20～25℃）。室温低于20℃或试剂及样品未回到室温会导致数值偏低。

（3）使用后迅速将试剂放入产品说明书规定的温度，一般是2～8℃冷藏。

（4）洗板要彻底（包括加样品和标准液时都必须充分混合均匀），充分洗板4～5次，ELISA分析中的再现性，很大程度上取决于洗板的一致性，在洗板过程中如果出现板孔干燥过久的情况，则会出现标准曲线不成线性，重复性不好的现象。所以洗板拍干后应立即进行下一步操作。

（5）出现阳性值时（超过相关标准、规定的限量值），需用气相色谱-质谱法（GC/MS）加以确证。

（6）其他注意事项参照第3章"样品检测及注意事项"中的相关内容。

（二十二）动物组织中地西泮的残留测定　酶联免疫吸附法（DB 34/T 822—2020）

发布方：安徽省市场监督管理局。

方法原理：竞争性酶联免疫原理。

适用范围：动物肌肉、肝脏、肾脏。

测试目标物：地西泮。

风险解读：同水产品中地西泮残留的快速检测　胶体金免疫层析法（KJ 202105）。

限量要求：《食品安全国家标准　食品中兽药最大残留限量》（GB 31650—2019）规定，地西泮药物允许做食用动物的治疗用，但不得在动物性食品中检出。

快速检测方法检出限：1.0 μg/kg。

测试注意事项：

（1）将试样分为测试和备用份分别存放于−20～−16℃条件下保存。

（2）使用前将所有试剂平衡至产品说明书规定的温度，一般平衡至室温（20～25℃）。室温低于20℃或试剂及样品未回到室温会导致数值偏低。

（3）使用后迅速将试剂放入产品说明书规定的温度，一般是2～8℃冷藏。

（4）洗板要彻底（包括加样品和标准液时都必须充分混合均匀），充分洗板4～5次，ELISA分析中的再现性，很大程度上取决于洗板的一致性，在洗板过程中如果出现板孔干燥过久的情况，则会出现标准曲线不成线性，重复性不好的现象。所以洗板拍干后应立即进行下一步操作。

（5）该方法为快速测定法，检测结果小于1.0 μg/kg时可判为未检出，大于或等于1.0 μg/kg时认为可疑，应使用色谱质谱联用法进行确认。

（6）其他注意事项参照第3章"样品检测及注意事项"中的相关内容。

（二十三）动物组织中盐酸克伦特罗的残留测定——酶联免疫吸附法（DB 34/T 823—2008）

发布方：安徽省质量技术监督局。

方法原理：竞争性酶联免疫原理。

适用范围：动物肌肉、肝脏、肾脏。

测试目标物：盐酸克伦特罗。

风险解读：同《动物源性食品中克伦特罗、莱克多巴胺及沙丁胺醇的快速检测　胶体金免疫层析法》（KJ 201706）。

限量要求：《食品中可能违法添加的非食用物质和易滥用的食品添加剂名单（第四批）》（整顿办函〔2010〕50 号）中将盐酸克伦特罗列为食品中可能违法添加的非食用物质。

快速检测方法检出限：0.1 μg/kg。

测试注意事项：

（1）动物肌肉、肝脏、肾脏，去筋后切成小块，制成肉糜后，于−18℃以下温度冷冻保存。

（2）使用前将所有试剂平衡至产品说明书规定的温度，一般平衡至室温（20～25℃）。室温低于20℃或试剂及样品未回到室温会导致数值偏低。

（3）使用后迅速将试剂放入产品说明书规定的温度，一般是2～8℃冷藏。

（4）洗板要彻底（包括加样品和标准液时都必须充分混合均匀），充分洗板4～5次，ELISA分析中的再现性，很大程度上取决于洗板的一致性，在洗板过程中如果出现板孔干燥过久的情况，则会出现标准曲线不成线性，重复性不好的现象。所以洗板拍干后应立即进行下一步操作。

（5）该方法为快速测定法，检测结果小于 0.1 μg/kg 时可判为未检出，大于或等于 0.1 μg/kg 时应使用色谱质谱联用法进行确认。

（6）其他注意事项参照第3章"样品检测及注意事项"中的相关内容。

（二十四）食品安全地方标准　蔬菜中阿维菌素残留的测定　酶联免疫吸附法（DBS 52/037—2018）

发布方：贵州省卫生健康委员会。

方法原理：竞争性酶联免疫原理。

适用范围：蔬菜（结球甘蓝、番茄、萝卜）。

测试目标物：阿维菌素。

风险解读：阿维菌素是一种抗生素类杀虫、杀螨、杀线虫剂，具有广谱、高效、低残留等特点。广泛用于蔬菜、果树、棉花等农作物上，也可作为兽药使用。急性毒性分级属高毒级，早期中毒症状为瞳孔放大、行动失调、肌肉颤抖，严重者可呕吐。少量的农药残留不会引起人体急性中毒，但长期食用阿维菌素超标的食品，对人体健康有一定影响。

限量要求：《食品安全国家标准　食品中农药最大残留限量》（GB 2763—2021）规定，阿维菌素的限量为结球甘蓝 0.05 mg/kg、番茄 0.02 mg/kg、萝卜 0.01 mg/kg。

快速检测方法检出限： 5 μg/kg。

测试注意事项：

（1）取蔬菜可食部分，经四分法缩分后切碎，混合后用均质器匀浆，制成待测样。

（2）使用前将所有试剂平衡至产品说明书规定的温度，一般平衡至室温（20～25℃）。室温低于20℃或试剂及样品未回到室温会导致数值偏低。

（3）使用后迅速将试剂放入产品说明书规定的温度，一般是2～8℃冷藏。

（4）洗板要彻底（包括加样品和标准液时都必须充分混合均匀），充分洗板4～5次，ELISA分析中的再现性，很大程度上取决于洗板的一致性，在洗板过程中如果出现板孔干燥过久的情况，则会出现标准曲线不成线性，重复性不好的现象。所以洗板拍干后应立即进行下一步操作。

（5）若样品检测结果为阳性，应使用相关仲裁方法进行复核确证。

（6）其他注意事项参照第3章"样品检测及注意事项"中的相关内容。

（二十五）食品安全地方标准　蔬菜中三唑磷残留的测定　酶联免疫吸附法（DBS 52/038—2018）

发布方：贵州省卫生健康委员会。

方法原理：竞争性酶联免疫原理。

适用范围：蔬菜（结球甘蓝、节瓜）。

测试目标物：三唑磷。

风险解读：三唑磷属于中等毒性非内吸有机磷广谱杀虫剂、杀螨剂、杀线虫剂，具有胃毒和触杀作用。主要用于棉花、粮食、果树等鳞翅目害虫、害螨、蝇类幼虫及地下害虫等。中毒机制为抑制体内胆碱酯酶活性，中毒可出现多汗、流涎、瞳孔缩小、视物模糊、恶心、呕吐、腹痛、震颤、肌肉痉挛等，严重者可因呼吸中枢麻痹而死亡。少量的农药残留不会引起人体急性中毒，但长期食用农药残留超标的食品，对人体健康有一定影响。

限量要求：GB 2763—2021《食品安全国家标准　食品中农药最大残留限量》规定，蔬菜中三唑磷的限量为 0.05 mg/kg。

快速检测方法检出限： 10 μg/kg。

测试注意事项：同（二十四）。

（二十六）蔬菜及水果中毒死蜱残留的测定　酶联免疫吸附法（T/GZTPA 0002—2019）

发布方：贵州省绿茶品牌发展促进会。

方法原理：采用间接竞争酶联免疫吸附方法。

适用范围：适用于蔬菜及水果中毒死蜱残留量的测定。

测试目标物：毒死蜱。

风险解读：毒死蜱又名"氯吡硫磷""氯吡磷"，是一种硫代磷酸酯类有机磷杀虫、杀螨剂，具有良好的触杀、胃毒和熏蒸作用。少量的农药残留不会引起人体急性中毒，但长期食用毒死蜱超标的食品，对人体健康可能有一定影响。蔬菜和水果中毒死蜱超标的原因，可能是为快速控制虫害而违规使用。

限量要求：《食品安全国家标准　食品中农药最大残留限量》（GB 2763—2021）规定，毒死蜱的最大残留量，芹菜、芦笋、朝鲜蓟为0.05 mg/kg；食荚豌豆为0.01 mg/kg；鳞茎类蔬菜、芸薹属类蔬菜、叶菜类蔬菜（芹菜除外）、茄果类蔬菜、瓜类蔬菜、豆类蔬菜（食荚豌豆除外）、茎类蔬菜（芦笋、朝鲜蓟除外）、根茎类和薯芋类蔬菜、水生类蔬菜、芽菜类蔬菜、其他类蔬菜、干制蔬菜为0.02 mg/kg；柑、橘、佛手柑、金橘、苹果、梨、山楂、枇杷、榅桲、枸杞（鲜）、越橘、荔枝、龙眼为1 mg/kg；橙、柠檬、柚、猕猴桃、香蕉为2 mg/kg；桃、杏为3 mg/kg；李子、李子干、葡萄为0.5 mg/kg；草莓为0.3 mg/kg；葡萄干为0.1 mg/kg。

快速检测方法检出限：毒死蜱在蔬菜和水果中的检出限均为100 µg/kg。

测试注意事项：

（1）使用前将试剂盒在20～25℃下放置1～2小时。室温低于20℃或试剂及样品未回到室温会导致数值偏低。

（2）使用后迅速将试剂放入产品说明书规定的温度，一般是2～8℃冷藏。

（3）人工洗板条件：洗板次数3次以上，每次注洗涤液为250 µL。在ELISA分析中的再现性，很大程度上取决于洗板的一致性。

（4）在洗板过程中如果出现板孔干燥过久的情况，则会出现标准曲线不成线性，重复性不好的现象。所以洗板拍干后应立即进行下一步操作。

（5）所有温育过程应避免阳光直射，并按要求用盖板覆盖住酶标板。酶标板在25℃恒温箱避光显色15 min。

（6）混合要均匀，洗板要彻底（包括加样品和标准液时都必须充分混合均匀）。

（7）其他注意事项参照第3章"样品检测及注意事项"中的相关内容。

（二十七）蔬菜中丙环唑的快速检测方法　胶体金法（T/JAASS 2—2020）

发布方：江苏省农学会。

方法原理：利用免疫测定中竞争法原理。

适用范围：适用于菜薹（菜心）、小白菜、芥蓝等蔬菜。

测试目标物：丙环唑。

风险解读：丙环唑作为一种高效的三唑类杀真菌剂，具有杀菌谱广、活性高、杀菌速度快、持效期长、内吸附传导强等特点，可用于粮食、果树、蔬菜等作物生产过程中的真菌性病害防治。然而丙环唑的不规范使用会使其残留在水果、根茎类蔬菜、叶菜类等初级农作物中，最终影响人体健康。

限量要求:《食品安全国家标准 食品中农药最大残留限量》(GB 2763—2021)规定,丙环唑残留量为不得检出。

快速检测方法检出限:菜心中丙环唑残留的检出限为 0.5 mg/kg。

测试注意事项:

(1)用试剂盒内的阳性参考品、阴性参考品和检测液进行同样操作,以协助结果判定。

(2)在试纸条的质控区未出现色带,判定为无效;仅在试纸条质控区出现一条红线,判定为阳性;在试纸条检测区及质控区各出现一条红线,判定为阴性。

(3)其他注意事项参照第3章"样品检测及注意事项"中的相关内容。

(二十八)蔬菜中甲基对硫磷残留的测定 酶联免疫法(T/JAASS 5—2020)

发布方:江苏省农学会。

方法原理:采用间接竞争ELISA方法。

适用范围:适用于蔬菜中甲基对硫磷农药残留的快速检测。

测试目标物:甲基对硫磷。

风险解读:甲基对硫磷具触杀和胃毒作用,能抑制害虫神经系统中胆碱酯酶的活力而使其致死,杀虫谱广,主要用途是防治多种农业害虫,由于毒性高,要严格按规定施药,并加强安全防护措施。造成蔬菜中甲基对硫磷超标率较高的主要原因是气温较高,病虫害重,菜农喷施的农药在蔬菜上的残留率也就较高,加之一些菜农对蔬菜的质量安全意识淡薄,在生产中滥用高毒、高残留农药或不按安全间隔期采收,使得蔬菜的农药残留率居高不下。

限量要求:《食品安全国家标准 食品中农药最大残留限量》(GB 2763—2021)规定,甲基对硫磷的最大残留量,蔬菜为 0.02 mg/kg。

快速检测方法检出限:0.02 mg/kg。

测试注意事项:

(1)室温最好在25℃左右,试剂盒应提前从冰箱中取出于室温条件下回温,待回温至室温后方可使用。若室温低于20℃或试剂及样本没有回到室温(20~25℃)会导致所有标准的吸光值(OD值)偏低。

(2)不同批号的试剂不要交叉使用,所有试剂使用之前均应回升至室温,使用之后应立即放回2~8℃环境中,由于酶标记物和抗体的稳定性不好,所以使用时只稀释实际用量即可,用前要仔细振摇。

(3)所有试剂使用前都要摇匀。加样时要准确,直接加到小孔底部,不可有气泡,不要加到孔壁上,整个加样过程要快,保证前后反应时间一致。加样后要轻轻震摇整板,使反应液混匀。

(4)标准物质和显色液对光敏感,避免直接暴露在光线下。

(5)在加样和洗涤过程中,注意不要让移液器的管尖接触孔中的混合物,避免交叉污染,在整个操作过程中不要让微孔干燥。

（6）用试剂盒内的阳性参考品、阴性参考品和检测液进行同样操作，以协助结果判定。

（7）操作前应先打开恒温箱，并设置好所需温度，待避光孵育前检查恒温箱的温度是否达到所需温度。注意两次孵育所使用的溶液：第一抗体溶液用检测液稀释后，在 37℃ 环境中孵育 30 min，并洗板；第二酶标二抗溶液使用条件为 37℃ 孵育 30 min，并洗板。

（8）其他注意事项参照第 3 章"样品检测及注意事项"中的相关内容。

（二十九）水产品中喹诺酮类药物残留的快速检测　胶体金免疫层析法（T/ZNZ 029—2020）

发布方： 浙江省农产品质量安全学会。

方法原理： 应用竞争抑制免疫层析原理。

适用范围： 适用于鱼、虾、蟹、龟鳖、贝类等水产品肌肉等可食部分。

测试目标物： 洛美沙星、培氟沙星、氧氟沙星、诺氟沙星、恩诺沙星、环丙沙星。

风险解读： 喹诺酮类药物具有抗菌谱广、活性强等特性，被广泛用于畜禽细菌性疾病的预防和治疗中。由于喹诺酮类药物在动物机体组织中的残留，人食用动物组织后喹诺酮类抗生素就在人体内残留蓄积，造成人体对该药物的严重耐药性，影响人体疾病的治疗。长期摄入含有喹诺酮类药物的动物源食品，可能引起头晕、头疼、睡眠不良、胃肠道刺激等症状。动物性食品中喹诺酮类药物超标的原因，可能是在养殖过程中为快速控制疫病，违规加大用药量或不遵守休药期规定，致使产品上市销售时的药物残留量超标。

限量要求： 中华人民共和国农业部公告第 2292 号规定，水产品中洛美沙星、培氟沙星、氧氟沙星、诺氟沙星的限值为不得检出。《食品安全国家标准　食品中兽药最大残留限量》（GB 31650—2019）规定，水产品中恩诺沙星和环丙沙星之和的最大残留限量为 100 μg/kg，其中鱼（皮＋肉）为 100 μg/kg。

参比方法： 《水产品中 17 种磺胺类及 15 种喹诺酮类药物残留量的测定　液相色谱-串联质谱法》（农业部 1077 号公告—1—2008）。当结果判定为阳性时，以参比标准方法确证结果为最终报告值。

快速检测方法检出限： 诺氟沙星、培氟沙星、氧氟沙星、洛美沙星、环丙沙星、恩诺沙星均 ≤2 μg/kg。

测试注意事项：

（1）每批样品应同时进行空白试验和阴性、阳性对照质控试验。

（2）将试样分成检样和备样两份，并做标记，每份不少于 20 g；检样立即测试或 −18℃ 以下冷冻待测，备样 −18℃ 以下冷冻保藏，有效期不超过 3 个月。

（3）测定前需将喹诺酮类药物免疫胶体金快速检测试剂条恢复室温后，从包装袋中取出。

（4）其他注意事项参照第 3 章"样品检测及注意事项"中的相关内容。

（三十）水产品中氯霉素残留的快速检测 胶体金免疫层析法（T/ZNZ 030—2020）

发布方：浙江省农产品质量安全学会。

方法原理：应用竞争抑制免疫层析原理。

适用范围：适用于鱼、虾、蟹、龟鳖、贝类等水产品肌肉等可食部分中氯霉素残留的快速筛查检测。

测试目标物：氯霉素。

风险解读：同《水产品中氯霉素的快速检测 胶体金免疫层析法》（KJ 201905）。

限量要求：中华人民共和国农业部公告第250号规定，氯霉素的限值为不得检出。

参比方法：《可食动物肌肉、肝脏和水产品中氯霉素、甲砜霉素和氟苯尼考残留量的测定 液相色谱-串联质谱法》（GB/T 20756—2006）和《水产品中氯霉素、甲砜霉素、氟甲砜霉素残留量的测定 气相色谱法》（农业部958号公告—13—2007），及其他符合要求的国家和行业标准。当结果判定为阳性时，以参比标准方法确证结果为最终报告值。

快速检测方法检出限：≤0.3 μg/kg。

测试注意事项：

（1）进行制样时，将样品分割成小块后混合，用均质机制成糜状，分成检样和备样两份，并做好标记，每份不少于50 g。

（2）同检测批不低于10%的平行样和2个阴性控制样品测定，同时加做2个阳性质控样（检出限和大于检出限各一个），进行阴性和阳性对照质控试验；当平行样的检测结果完全一致，且阴性控制样品和阳性质控样的结果准确时，判定该批检测数据有效。

（3）其他注意事项参照第3章"样品检测及注意事项"中的相关内容。

第6章

食品快速检测产品评价方法及评价指标体系介绍

第1节　食品快速检测产品评价的重要意义

　　食品安全监管与检验检测水平是衡量政府公共安全服务能力和科学监管水平的重要标志。基于大型仪器的检测方法通常由于设备庞大、操作复杂、检测周期长、成本昂贵等弊端，无法满足即时、快速、现场的检测需求，尤其在基层大规模、高频次的抽检检测工作中受到了限制。

　　为了满足日益增长的现场、高效、实时的检测监管需求，当前食品安全检测监管科技发展不断呈现出检测技术集成化、快速化的趋势，快速检测技术应运而生。国际标准化组织（International Organization for Standardization，ISO）将其描述为具有能够满足用户适当需求的性能，具有减少分析时间、易于操作或者可以自动操作、小型化、降低检测成本等优势的替代方法（alternative method）。基于快速检测方法的快速检测产品是指对食品快速检测方法的主要或关键组成进行商品化包装，常见的有检测试剂盒、试纸条，以及一些具有集成功能的多指标检测仪器等，可用来确定一种或多种基质中目标分析物的存在或含量。

　　相对于常规实验室检测，快速检测技术降低了对操作环境和使用者的专业要求，扩展了其应用场景，已逐渐成为食品安全监管工作的重要技术手段。目前，快速检测常见的应用场景包括：

　　（1）监管部门对食用农产品、散装食品、餐饮食品、现场制售食品等进行的抽查检测。

　　（2）大范围、大批量的现场筛查。

　　（3）食品安全专项整治或突击检查。

　　（4）大型活动食品安全保障。

　　（5）食品安全应急事件处理。

　　（6）食品企业、农贸市场、大型超市、饭店食堂等场所日常使用。

一、快速检测产品应用的优势和存在的问题

常用的快速检测技术与实验室检测方法比较见表6-1。

表6-1　常用快速检测技术与实验室检测方法比较

检测方法	设备投入/万元	检测费用/(元/次)	检测时间	操作难易度	准确性
气/液质联用	200	1000	2～3天	复杂	确证
高效液相/气相色谱	30～50	>200	1天	复杂	确证
酶联免疫法	<10	100	1小时	较复杂	较高
胶体金检测法	不需设备或配备简易设备	3～50	5～30分钟	简单	定性准确率95%以上
化学比色法	不需设备或配备简易设备	1～10	1～5分钟	简单	定性准确率95%以上

　　我国近20年的食品安全科研工作也逐渐从提升实验室检测能力向现场快速、高通量检测技术研究方向发展，快速检测技术具有操作简单、快速高效、成本低廉等优点，其准确率也在可接受范围内。在食品安全监管工作中，将快速检测作为一种高通量初筛手段，对可疑食品进行粗筛和对现场食品安全状况做出初步评价，可提高监管工作靶向性，扩大食品安全控制范围；对可能存在问题的样品必要时送实验室进一步检测，可实现快速检测和实验室检测的有益互补。

　　但在实际应用中，逐渐暴露快速检测装备落后、检测准确度低等问题。我国食品安全检测技术在潜在污染物和非法添加物识别等方面手段不多、技术储备不足，监管工作需求与技术支撑能力不匹配的矛盾仍然突出。快速检测作为一种新型监管手段，在实际应用中，仍存在生产厂家研发水平、产品质量参差不齐，无持续保障等问题，影响着快速检测产品的检测可靠性。难以满足市场监管和用户的实际需求。

二、规范快速检测评价的重要意义

　　快速检测产品质量的提升，离不开市场和监管的推进。产品评价是快速检测工作科学、规范开展的关键环节，只有经评价并确认可行的产品才能在实际工作中应用推广。同时，使用方如何科学合理地使用快速检测产品和选择满足自身使用需求的快速检测产品同样是一个难题。因此，建立科学规范的快速检测产品评价方法，保障快速检测产品质量，规范并指导用户使用，具有非常重要的现实意义。

第2节　食品快速检测产品评价工作进展

　　国外发达国家的快速检测产品评价制度和体系起步较早，已发展得比较完善，我国建立快速检测产品评价体系刚刚起步，2018年启动了"十三五"重点研发计划食品安全专项快速检测方法（产品）评价体系课题研究。市场监管部门、农业农村监管部门、粮食部门等监管机构也先后印发了食品安全快速检测产品评价系列指南等。这些工作虽然起步较晚，但给予了监管部门及社会公众对快速检测方法（产品）质量提升的信心。

一、国外快速检测评价相关标准规范及组织实施

在评价规范制定方面，国外有影响力的机构较早地探索了相关技术规范，并在长期应用中不断完善，为市场上的快速检测产品的评价认证提供了非常好的依据。

国际标准化组织发布的《食品和饲料中微生物检测可替代方法验证规范》(ISO 16140：2003)中的评价内容包括两个方面：与参考方法对比的研究；联合实验室的研究。ISO 16140：2003提出了快速检测方法评价的通用原则和技术协议，评价内容侧重方法的技术性能，参数多、指标全面、评价过程相对复杂，具有广泛的借鉴意义。

欧盟法规(NO.519/2014)规定了针对半定量/定量的筛查方法的评价要求，根据筛查的目标浓度，针对不同的商品，分别进行评价(除非已知该方法可以同时处理多种商品)分别准备20份阴性样品与20份阳性样品(浓度为筛查的目标浓度)进行评价。通过统计学的方法，计算出产品的定性临界值(cut-off值)。对于检测结果的使用，当检测结果低于cut-off值时，样品符合要求，高于cut-off值时，样品为疑似不符合，需使用确证方法复检。

美国农业部粮食检查、包装、储存管理局(Grain Inspection Packers and Stockyards Administration，GIPSA)开展了针对快速、可靠的检测真菌毒素的方法认证的项目。在定性产品的评价方面，分别检测空白样品组和加标样品组，要求空白的30个检测结果全为阴性，而加标的全部结果为阳性，否则不合格。在定量产品的评价方面，针对不同真菌毒素限量要求，规定其检测的最大相对标准偏差，以其两倍的扩展不确定度计算得到评价范围。通过测定实际样品，合格的快速检测产品需满足 95%的检测结果落在该范围内。该认证项目的评价方法相对简单，与常规的评价方法不同，该方法不是测试产品的具体性能参数，而是运用区分的思路，围绕主要量值、基于样品、应用统计，通过人员交叉评估获得快速检测产品对超标样品的筛查和区分能力，其评估结果可直接用于指导用户使用，评估针对性强、阴性和阳性符合率高。

在评价实施方式方面，目前国外推行采用的商业化快速检测产品，均是由权威的第三方组织或协会进行评价，如美国分析化学家协会(Association of Official Analytical Chemists，AOAC)、法国标准化协会(Association Francaise de Normalisation，AFNOR)等组织。

美国食品药品监督管理局(Food and Drug Administration，FDA)将快速检测方法作为一种检验方式，主要用于污染物、毒素、药物残留的快速筛查。FDA在实施相关快筛计划中认可两种方法：一种是FDA采用AOAC验证评价过的快速检测产品作为筛查和初检方法。AOAC将商业化试剂盒作为一种快速检测方法进行评价，其评价总体思路是针对试剂盒依托检测方法的技术性能指标进行验证。现有的评价范围包括化学和微生物试剂盒，通过其制订的试剂盒性能评价方法与其参考方法之间进行一致性比较，评价证书的有效期一般为1年。另一种是FDA认可的实验室复核参比方法。在日常检查中主要使用快速检测方法，对于筛查出现超出阈值或者安全限值的，需要送到联邦实验室进

行复检，政府依据复检结果采取执行行动。另外，每周会有3个州在其日常检测的样品中，选择5个传递给联邦实验室（丹佛）进行实验室方法检测。美国农业部开展的畜肉中国家残留计划也是使用快速检测方法，如果在现场快速检测中发现阳性可疑样品，送至食品安全检验署（Food Safety and Inspection Service，FSIS）三个中心实验室之一进行确证。可以说，快速检测技术和产品在美国残留监控的实施中起着非常重要的作用，表现出监控样品量大、快速高效的优势，是整个残留监控数据信息的基础。

AFNOR主要开展食品与水质中微生物检测试剂盒的技术评价。在AFNOR的评价中，首先依据法规要求，一般一个试剂盒由10家实验室进行协同制作，同时利用参考方法进行验证，如不存在参考方法，则建议使用官方方法或被广泛认可的文献方法进行参比验证。评价主要是两个方面：一方面是本身的技术指标要求要符合法规，与参比方法有一致性；另一方面，对试剂盒生产商的质量保证能力进行核查性评价。

除了上述两家评价机构外，英国食品标准局（Food Standards Agency，FSA）在食品进口检验，特别是水产品检验中，已广泛应用快速检测。为此，FSA制定了相关评价依据，对英国9个主要厂商产品进行评价后用于现场检验。对于短保持期、保存期的产品可以采取产品销毁等控制措施，但是如果相关检查计划中写明需要进行确证试验或者依据申请进行确证试验，则仍然需要进行确证性检测。

二、我国食品快速检测产品评价的现状及需求

1. 原国家食品药品监督管理总局

食品药品监管部门在重大社会活动保障、食品安全专项整治、应急事件处置中广泛使用食品快速检测产品，以提高监管工作的及时性和靶向性。涉及的食品快速检测类别包括：农药残留、兽药残留、违禁添加非食用物质、重金属污染物、微生物危害、生物毒素、食品添加剂等；检测范围主要包括食用农产品、散装食品、餐饮食品和现场制售食品，预包装食品原则上不采用快速检测方法。

2017年3月，原国家食品药品监督管理总局发布了《食品快速检测方法评价技术规范》，并以颁布的快速检测方法中规定的假阴性率、假阳性率、特异性、灵敏度等性能指标要求为依据，通过以检测指标对应的食品安全国家标准为参考方法，对各性能指标进行验证后，用于出具评价结果报告，但不对特定产品进行认定。该规范适用于监管部门组织开展对快速检测方法及相关产品的技术评价。同年6月，出台了《关于规范食品快速检测方法使用管理的意见》，规定各省（区、市）、计划单列市、副省级省会城市食品药品监管部门要按照《食品快速检测方法评价技术规范》和相应快速检测方法的要求，通过盲样测试、平行送实验室检验等方式对正在使用和拟采购的快速检测产品进行评价。评价结果显示不符合国家相应要求的，要立即停止使用或者不得采购。

另外，为确保评价工作科学权威，原国家食品药品监督管理总局组织遴选了7家系统内机构作为总局评价技术机构，承担总局本级食品快速检测评价等相关工作。规范一经发布，受到各方高度重视。各省级单位以总局规范作为指导，依据自身在基层执法的

经验制定相应的工作文件，积极组织开展评价工作，2017 年，食品快速检测评价被列为国务院食品安全工作考核内容之一。

2. 国家市场监督管理总局

随着监管需求和人民群众期待的不断提高，国家市场监督管理总局应对新形势，在原国家食品药品监督管理总局《关于规范食品快速检测方法使用管理的意见》（食药监〔2017〕49 号）的基础上，进一步明确食品快速检测性质、规范快速检测操作、强化快速检测培训、统一快速检测信息公布要求、组织快速检测产品评价和结果验证等内容。国家市场监督管理总局通过设立科研项目"规范食品安全快速检测使用工作"，委托中国检验检疫科学研究院（以下简称"检科院"）总体统筹负责，由广东省食品检验所、陕西省食品药品检验研究院、深圳市计量质量检测研究院、河南省口岸食品检验检测所、检科院分别牵头承担《食品快速检测操作指南》《食品快速检测培训指导手册》《食品快速检测产品评价程序》和《食品快速检测结果验证规范》（以下简称"评价程序"和"验证规范"）、《食品快速检测项目目录》《食品快速检测信息公布要求》的起草工作。

通过制定统一规范的快速检测产品符合性评价程序，激发企业不断提升产品性能的能力，促进快速检测行业健康发展。评价程序为食品快速检测产品（包括试剂、仪器等）与国家市场监督管理总局和原国家食品药品监督管理总局制定发布的食品快速检测方法的符合性评价，主要内容包括适用范围、评价的组织、评价的实施和结果公布。国家市场监督管理总局委托检科院组织开展快速检测产品评价工作，检科院按照程序要求，制订计划和方案，委托快速检测评价机构开展具体评价工作。快速检测评价机构由检科院组织遴选，快速检测产品生产企业或代理企业向检科院提出评价书面申请。考虑到快速检测产品的多样性，本程序作为评价通用原则，评价机构根据快速检测产品的分类和性质制定具体评价实施方案。本程序提出了评价实施机构需要满足的条件和要求，以保证不同评价机构评价结果的一致性，增加产品评价结果的可靠性。评价技术指标与快速检测方法要求一致，包括灵敏度、特异性、假阳性率和假阴性率，实施过程中，需要采用盲样测试的方式进行，评价结果经审核后出具评价报告并在国家食品安全抽样检验信息系统通报。快速检测产品评价流程见图 6-1。

验证规范是将食品快速检测结果通过与实验室检验结果比对等方式，验证食品快速检测结果准确性的过程。由省级市场监管部门负责委托验证单位开展本辖区食品快速检测结果验证工作，对于食品快速检测结果呈阳性的，要组织参加验证，对于同一品种同一项目快速检测结果阴性的，也应抽取一定量的样品进行验证。另外，快速检测产品的准确度除了与快速检测产品性能有关外，还与快速检测机构检测能力有关，因此，通过采取盲样验证的方式对快速检测机构的检测能力进行考察，提升快速检测机构人员技术能力及整体质量管理水平。工作流程见图 6-2。

3. 其他有关部门

农业部门在多个监控领域采用快速检测方法进行筛查。比如，对动物及动物产品兽药残留检测，在生猪屠宰环节普遍使用快速检测方法进行瘦肉精筛查；各地渔业水产部门开展孔雀石绿、硝基呋喃、氯霉素等项目快速检测；各地农检站开展果蔬产品农药残

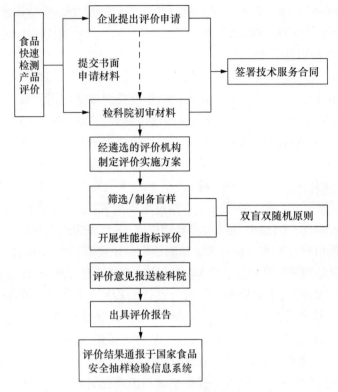

图6-1　快速检测产品评价流程

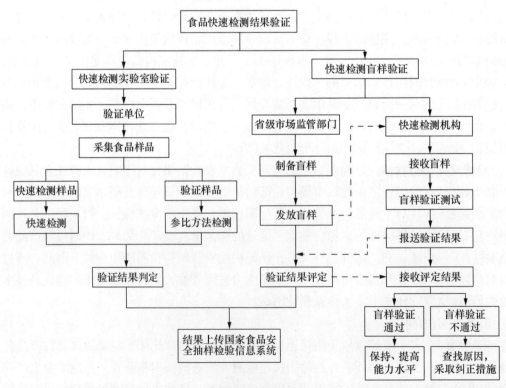

图6-2　工作流程

留快速检测。粮食部门在粮食收购中采用真菌毒素快速检测方法进行抽查，如在新收获小麦、玉米、中晚稻及油菜籽真菌毒素污染状况调查中普遍使用快速检测方法。原农业部先后采取备案、验证评价等方式规范快速检测技术应用，2005年开始对兽药快速检测试剂盒进行审查，通过审查符合有关规定的，准予备案并公布相关产品的质量标准与使用说明书。从2011年起，原农业部委托中国水产科学研究院、中国农业科学院分别开展水产品中禁用药物、畜肉中瘦肉精快速检测产品的验证和评价，结果以原农业部办公厅发文形式向各省级渔业农业主管部门和相关检测机构发布。

三、食品快速检测产品评价模式和实例

建立科学的食品快速检测评价体系，对规范商品化快速检测产品的管理、提高快速检测质量、推动快速检测行业发展具有积极的作用。我国对快速检测产品的管理思路基本按照"谁使用、谁评价"的原则，由政府职能部门按照职责需求对其使用的快速检测产品进行评价。另外，快速检测产品生产企业根据产品推广需求或产品技术水平提升需求，也会委托权威食品检验机构对其产品进行验证评价。目前，我国开展食品快速检测产品评价的模式主要可归纳为以下三类。

1. 监管部门以发布使用指导意见为目的的评价

这类评价一般由监管部门公开发布征集快速检测产品的通知，具体实施评价工作的任务由食品检验机构承担。生产企业或代理商根据要求提供技术资料及快速检测产品，之后，经评价机构组织专业技术人员按照国家规定的评价规范或自行制定的方案实施评价工作，给出相应的评价意见。最终，监管部门形成评价结果通报，供基层在选用相关产品时参考。

2015—2017年，陕西省食品药品监督管理局委托陕西省食品药品检验研究院在全国率先开展了"全检测指标、全产品形式、全检测方式"的产品评价，累计涉及470余种快速检测产品，共发出三期验证通报，适时地为全省基层科学选择快速检测产品提供了指导。

2. 监管部门采购前及使用中的跟踪评价

这类评价模式是监管部门为了在采购前或在使用过程中对快速检测产品的质量状况和实际成效进行评价。根据工作需求，通过发布遴选通知或从辖区抽取使用量大的快速检测产品，委托食品检验机构承担评价任务。该模式评价采用真实样品进行实验室参比方法与快速检测产品的双盲检测，验证快速检测结果的符合率，也可以采用购置或自行制备的基质盲样按照评价规范，对快速检测产品的性能指标进行评价，最终得出所评价的快速检测产品是否能满足监管的使用需求的意见。

2017年，河南省食品药品监督管理局科标处组织，河南省多家检验机构组建工作组进行了快速检测车用食品快速检测产品的专项评价，作为县级快速检测车及仪器设备耗材的采购前评价。2017年起，广东省食品安全监管部门组织4家检验机构对全省拟采购和使用中的快速检测产品开展评价工作。2020年，由陕西省市场监督管理局、甘肃

省市场监督管理局、青海省市场监督管理局、宁夏回族自治区市场监督管理厅、新疆维吾尔自治区市场监督管理局、新疆生产建设兵团市场监督管理局共同组建成立的西北食品安全风险预警交流联盟组织开展食品快速检测产品评价工作，由联盟技术负责机构陕西省食品药品检验研究院实施，在联盟辖区收集在用的快速检测产品，采用自行制备的基质盲样进行评价测试，评价结果在西北五省（自治区）区域内发布。该评价创新提出了评价结果信息共享模式，有效提升了监管效能。

3. 企业自主申请的评价

近年来，食品快速检测行业发展迅速，快速检测技术融合了多种学科的先进技术，更多集成化、快速化产品不断出现。快速检测产品生产企业对于科学、客观地了解其技术的真实水平，进而提高技术的可信度和市场竞争力，有着迫切的需求。因此，这类评价是由企业提出申请，评价机构按照规定的程序、方法和标准，对企业申请的商业化或具有商业化潜力的快速检测技术开展实测验证。一般情况下，评价机构具有丰富的监管技术支撑经验，因此，除了分析测试外，评价工作亦会综合运用专家辅助评价的方法，对快速检测产品的技术性能、可靠性、先进性以及适用性进行客观评价。技术测试完成后，向企业出具正式的评价报告，企业可拥有评价报告的使用权，但需要按照相关规定合理使用。

四、食品快速检测产品评价技术的关键点

快速检测评价是一项专业型技术工作。国内外组织实施的快速检测评价活动均是委托权威的检测部门或第三方机构开展，实施工作过程严格管理，以确保评价的严肃性和科学性。按照评价工作流程对关键技术环节解析如下。

1. 快速检测产品抽取

从快速检测产品生产商或使用单位抽取待售或待用的快速检测产品，确保抽样具有随机性、代表性，所抽样品应为近期生产、保质期内，至少涵盖3个不同批次；抽样数量应在满足评价要求的基础上，同时考虑检测前方法测试、质控试验等需求，适当盈余；注意快速检测产品的储藏、运输要求。

2. 盲样筛选与制备

快速检测评价的目的对快速检测产品的性能指标是否能够满足实际使用需求进行客观评价，如采用标准品溶液进行评价测试，虽然操作简便，但无法考察样品基质成分对目标分析物检测结果的影响。因此，规范的快速检测产品评价均应采用与实际食品基质相符或相似的检测样品进行评价测试。另外，为确保评价客观公正，评价用样品的来源、浓度水平等信息不得被评价工作人员获知，因此又被称为"盲样"。

盲样可以采用有关部门生产的标准物质或标准样品，但一般标准物质或标准样品的价格相对昂贵，快速检测评价的盲样使用量大、成本高，因此多采用定制或自行制备的质控样品或基质加标样。盲样基质应当覆盖快速检测方法和产品中适用范围中要求的典型基质；盲样的关键点和各浓度水平的数量应符合国家有关评价技术规范的要求；盲样

的均匀性、稳定性应符合CNAS—CL003《能力验证样品均匀性和稳定性评价指南》或CNAS—GL005《实验室内部研制质量控制样品的指南》等文件的要求。

3. 测试评价

评价测试要求双盲测试，即盲样随机编号，盲样制备人员不参与评价工作，评价测试人员也不得参与相应品种盲样的制备与编号或获取与盲样量值有关的相关信息。以测定的实际结果统计产品的性能指标，对于定性快速检测产品，评价性能指标包括检出限、灵敏度、特异性、假阴性率和假阳性率等，对于定量类快速检测产品，评价性能指标包括检出限、准确度、精密度、批间稳定性等。具体要求参考有关评价技术规范。

对测试工作的重要环节，如快速检测产品交接、关键试验过程、结果判读等应进行视频录像或拍照；评价过程中原始记录应如实填写，不得涂改，笔误部分必须杠改并由评价人签字或盖章确认。原始记录部分必须真实、准确、清晰并由专人审核。

4. 一般性指标评价

在快速检测产品的实际使用中，发现部分产品本身性能水平优良，但由于包装和说明书不规范，存在操作步骤表述不清、结果判定有误（对食品安全标准引用不当）等问题，直接导致快速检测产品的适用性受限。因此，除了性能指标的测试评价外，对产品包装、标签、说明书等一般性指标的评价也应纳入评价范畴。

快速检测产品包装应完整，内容物（产品组成）齐全；标签清晰、规范，包括产品名称、批号、规格、数量、有效期、保存条件、注意事项、生产者、地址、联系方式等；操作说明书内容表述清晰、完整，内容包括简介、适用范围、检测时间、检测原理、产品组成、需增加的试剂设备、注意事项、储存条件、样品处理、检测操作步骤、结果判断、检出限、安全性说明等，尤其结果判定部分，必须明确判定所引用食品安全国家标准及对应限值等信息，不得误导使用者。

5. 评价结果

评价结果应统计计算性能指标的评价结果，对一般性指标的评价结果给出客观的考察意见，对评价整体情况和结果进行汇总整理和分析，最终出具技术评价报告。

五、食品快速检测结果验证应用实例

2021年，根据国家市场监督管理总局发布的《食品快速检测结果验证规范（征求意见稿）》相关要求，陕西省市场监督管理局组织开展快速检测结果验证工作，由陕西省食品药品检验研究院负责具体实施，各地市承担相关快速检测项目的单位配合。

验证项目选取了辖区内应用较多、食品安全风险较为突出的水产品中孔雀石绿、畜禽肉中克伦特罗及水果蔬菜中敌敌畏3个项目。验证工作流程包括：①验证方案制定。②快速检测产品抽样。从基层辖区在用的快速检测产品中抽取，对于同一企业生产的同一品种的快速检测产品抽样不超过2批次，每个批次抽样数量不少于30份次，不少于2个独立包装。③快速检测测试。由基层市场监管系统从事快速检测操作的技术人员，使用所抽快速检测产品和统一提供的盲样，在指定的时间和地点开展快速检测测试并报告检测结果。④快速检测结果验证。由实验室检测人员采用食品安全国家标准规定的方法测试盲样，比较检测数据，验证快速检测结果。⑤验证结果判定。参照《食品快速检测结果验证规范（征求意见稿）》的相关要求，当快速检测结果呈阳性，其对应项目的实验室验证结果大于或等于快速检测检出限（最低检出水平）的最大负偏离（不超过20%，痕量物质可达30%）时，判定为验证通过；当快速检测结果呈阴性，实验室验证结果小于快速检测检出限水平，判定为验证通过。⑥验证结果的论证与公布。验证结束形成工作总结报告，并组织专家对验证工作的规范性、验证结果的客观性进行论证，结果统一报送省局，经审核后，通报各地市单位。

此次验证工作共抽取16家生产企业的36批产品，由省、市、县三级基层市场监管和检测机构工作人员共同参与完成，是国家市场监督管理总局发布《关于规范食品快速检测使用的意见（征求意见稿）》系列技术规范后，首次按照最新要求组织实施的快速检测结果验证，是对快速检测结果准确性验证实践的一次有益尝试。

第7章

食品安全检测指标解读

一、农药残留类

农药残留类检测指标见表7-1。

表7-1 农药残留类食品检测指标

序号	项目名称	农药类型/功能	实验室检测方法	快速检测方法	最大残留限量/（mg/kg）*	
1	阿维菌素	杀虫、杀螨剂	1. GB 23200.19 2. GB 23200.20 3. NY/T 1379	—	蔬菜	
					大蒜	0.05
					洋葱	0.05
					韭菜	0.05
					葱	0.1
					青蒜	0.5
					蒜薹	0.05
					百合（鲜）	0.05
					结球甘蓝	0.05
					花椰菜	0.5
					青花菜	0.05
					芥蓝	0.02
					菜薹	0.1
					菠菜	0.05
					小白菜	0.05
					小油菜	0.1
					青菜	0.05
					苋菜	0.05
					茼蒿	0.05
					叶用莴苣	0.05
					油麦菜	0.05
					叶芥菜	0.2
					芜菁叶	0.05
					芹菜	0.05
					茴香	0.02
					大白菜	0.05
					番茄	0.02
					茄子	0.2
					甜椒	0.02
					黄秋葵	0.1
					黄瓜	0.02
					腌制用小黄瓜	0.03

序号	项目名称	农药类型/功能	实验室检测方法	快速检测方法	最大残留限量/（mg/kg）*	
1	阿维菌素	杀虫、杀螨剂	1. GB 23200.19 2. GB 23200.20 3. NY/T 1379	—	西葫芦	0.01
					节瓜	0.02
					苦瓜	0.05
					丝瓜	0.02
					荚可食类豆类蔬菜（豇豆、菜豆、食荚豌豆除外）	0.08
					豇豆	0.05
					菜豆	0.1
					食荚豌豆	0.05
					菜用大豆	0.05
					蚕豆	0.02
					萝卜	0.01
					姜	0.05
					芜菁	0.02
					马铃薯	0.01
					甘薯	0.02
					山药	0.02
					茭白	0.3
					水果	
					柑橘类水果（柑、橘、橙除外）	0.01
					柑	0.02
					橘	0.02
					橙	0.02
					苹果	0.02
					梨	0.02
					山楂	0.1
					桃	0.03
					油桃	0.02
					杏	0.03
					枣（鲜）	0.05
					樱桃	0.07
					枸杞（鲜）	0.1
					黑莓	0.2
					覆盆子	0.2
					葡萄	0.03
					猕猴桃	0.02
					草莓	0.02
					杨梅	0.02
					荔枝	0.2
					龙眼	0.1
					杧果	0.05
					鳄梨	0.015
					香蕉	0.05
					番木瓜	0.1

续表

序号	项目名称	农药类型/功能	实验室检测方法	快速检测方法	最大残留限量/（mg/kg）*	
1	阿维菌素	杀虫、杀螨剂	1. GB 23200.19 2. GB 23200.20 3. NY/T 1379	—	菠萝	0.1
					火龙果	0.1
					瓜果类水果（甜瓜、西瓜除外）	0.01
					甜瓜	0.02
					西瓜	0.02
					干制水果	
					葡萄干	0.1
2	百菌清	杀菌剂	1. GB/T 5750.9 2. GB/T 5009.105 3. SN/T 2320 4. SN/T 2899 5. DB34/T 1075 6. DB37/T 4177	T/ZNZ 017适用范围：草莓、杨梅	蔬菜	
					洋葱	10
					葱	10
					抱子甘蓝	6
					头状花序芸薹属类蔬菜（花椰菜、芥蓝、菜薹除外）	5
					花椰菜	10
					芥蓝	15
					菜薹	30
					菠菜	5
					普通白菜	5
					蕹菜	10
					叶用莴苣	5
					芹菜	5
					大白菜	5
					番茄	5
					樱桃番茄	7
					茄子	5
					辣椒	5
					甜椒	5
					黄瓜	5
					腌制用小黄瓜	3
					西葫芦	5
					节瓜	5
					苦瓜	5
					丝瓜	5
					冬瓜	5
					南瓜	5
					笋瓜	5
					豇豆	5
					菜豆	5
					食荚豌豆	7
					菜用大豆	2
					根茎类蔬菜	0.3
					马铃薯	0.2
					水果	
					柑	1
					橘	1

续表

序号	项目名称	农药类型/功能	实验室检测方法	快速检测方法	最大残留限量/（mg/kg）*	
2	百菌清	杀菌剂	1.GB/T 5750.9 2.GB/T 5009.105 3.SN/T 2320 4.SN/T 2899 5.DB34/T 1075 6.DB37/T 4177	T/ZNZ 017适用范围：草莓、杨梅	橙	1
					苹果	1
					梨	1
					桃	0.2
					樱桃	0.5
					越橘	5
					醋栗	20
					葡萄	10
					草莓	5
					荔枝	0.2
					香蕉	0.2
					加仑子	20
					枸杞（鲜）	10
					番木瓜	20
					西瓜	5
					甜瓜类水果	5
3	倍硫磷	有机磷类杀虫剂	1. GB 23200.8 2. GB 23200.113 3. GB/T 20769 4. GB 23200.116 5. NY/T 761 6. SN/T 0148 7. DB34/T 1076	1. NY/T 448 适用范围：叶菜类（除韭菜）、果菜类、豆菜类、瓜菜类、根菜类（除胡萝卜、茭白等） 2. DB22/T 2000适用范围：蔬菜	蔬菜	
					鳞茎类蔬菜	0.05
					芸薹属类蔬菜（结球甘蓝除外）	0.05
					结球甘蓝	2
					叶菜类蔬菜	0.05
					茄果类蔬菜	0.05
					瓜类蔬菜	0.05
					豆类蔬菜	0.05
					茎类蔬菜	0.05
					根茎类和薯芋类蔬菜	0.05
					水生类蔬菜	0.05
					芽菜类蔬菜	0.05
					其他类蔬菜	0.05
					水果	
					柑橘类水果	0.05
					仁果类水果	0.05
					核果类水果（樱桃除外）	0.05
					樱桃	2
					浆果和其他小型类水果	0.05
					热带和亚热带类水果（橄榄除外）	0.05
					橄榄	1
					瓜果类水果	0.05
4	苯氟磺胺	杀菌剂	1. SN/T 0491 2. SN/T 2320	—	蔬菜	
					洋葱	0.1
					叶用莴苣	10
					番茄	2
					辣椒	2

续表

序号	项目名称	农药类型/功能	实验室检测方法	快速检测方法	最大残留限量/（mg/kg）*	
4	苯氟磺胺	杀菌剂	1. SN/T 0491 2. SN/T 2320	—	黄瓜	5
					马铃薯	0.1
					水果	
					苹果	5
					梨	5
					桃	5
					加仑子	15
					悬钩子	7
					醋栗	15
					葡萄	15
					草莓	10
5	苯醚甲环唑	杀菌剂	1. GB 23200.8 2. GB 23200.49 3. GB 23200.113 4. GB/T 5009.218 5. GB/T 20769	T/NXFSA 001适用范围：枸杞鲜果和干果	—	—
6	吡虫啉	杀虫剂	1.GB/T 23379 2.NY/T 1275 3.NY/T 1727 4.NY/T 1724 5.SN/T 2073 6.SN/T 1902 7.GB 23200.34 8.GB 23200.50 9.GB/T 23379 10.NY/T 1453 11.NY/T 1275 12.NY/T 1727 13.NY/T 1724 14.SN/T 2073 15.SN/T 1902 16.DB34/T 2406 17.T/GZTPA 0004 18.DB65/T 3638	1. T/ZNZ 016适用范围：茶叶 2. T/ZNZ 017适用范围：草莓、杨梅 3. T/NXSPAQXH 001适用范围：枸杞鲜果、干果	饮料类	
					茶叶	0.5
					水果	
					柑	1
					橘	1
					橙	1
					柠檬	2
					柚	1
					佛手柑	1
					金橘	1
					苹果	0.5
					梨	0.5
					桃	0.5
					油桃	0.5
					杏	0.5
					枣（鲜）	5
					李子	0.2
					樱桃	0.5
					浆果和其他小型类水果（越橘、葡萄、草莓除外）	5
					越橘	0.05
					葡萄	1
					草莓	0.5
					橄榄	2
					杧果	0.2
					石榴	1
					番石榴	2
					香蕉	0.05
					番木瓜	1
					瓜果类水果（甜瓜除外）	0.2
					甜瓜	0.1

续表

序号	项目名称	农药类型/功能	实验室检测方法	快速检测方法	最大残留限量/（mg/kg）*	
7	吡蚜酮	杀虫剂	SN/T 3860	—	蔬菜	
					洋葱	0.5
					百合（鲜）	0.05
					结球甘蓝	0.2
					花椰菜	0.3
					芥蓝	2
					菠菜	15
					叶用莴苣	10
					油麦菜	2
					茎用莴苣叶	2
					番茄	0.2
					黄瓜	1
					茎用莴苣	0.3
					豆瓣菜	2
					莲子（鲜）	0.02
					莲藕	0.02
					水果	
					桃	0.5
					枸杞（鲜）	10
8	吡唑醚菌酯	氨基甲酸酯类杀菌剂	1.GB 23200.34 2.GB 23200.54	T/ZNZ 017适用范围：草莓、杨梅	蔬菜	
					洋葱	1.5
					葱	3
					韭葱	0.7
					结球甘蓝	0.5
					抱子甘蓝	0.3
					羽衣甘蓝	1
					头状花序芸薹属类蔬菜（花椰菜除外）	0.1
					花椰菜	1
					芥蓝	2
					菜薹	7
					菠菜	20
					茼蒿	5
					叶用莴苣	2
					油麦菜	20
					叶芥菜	15
					萝卜叶	20
					芜菁叶	30
					芹菜	30
					大白菜	5
					茄果类蔬菜（番茄、茄子除外）	0.5
					番茄	1
					茄子	0.3
					黄瓜	0.5
					西葫芦	1

续表

序号	项目名称	农药类型/功能	实验室检测方法	快速检测方法	最大残留限量/（mg/kg）*	
8	吡唑醚菌酯	氨基甲酸酯类杀菌剂	1.GB 23200.34 2.GB 23200.54	T/ZNZ 017适用范围：草莓、杨梅	苦瓜	3
					丝瓜	1
					冬瓜	0.3
					南瓜	2
					食荚豌豆	0.02
					芦笋	0.2
					朝鲜蓟	2
					萝卜	0.5
					胡萝卜	0.5
					根芥菜	2
					姜	0.3
					芜菁	3
					马铃薯	0.02
					甘薯	0.05
					山药	0.2
					芋	0.05
					水芹	30
					豆瓣菜	7
					黄花菜（鲜）	2
					干制蔬菜	
					黄花菜（干）	5
					水果	
					柑橘类水果（柑、橘、橙、柠檬、柚和金橘除外）	2
					柑	3
					橘	3
					橙	3
					柠檬	7
					柚	3
					金橘	5
					苹果	0.5
					梨	0.5
					枇杷	3
					桃	1
					油桃	0.3
					杏	3
					枣（鲜）	1
					李子	0.8
					樱桃	3
					黑莓	3
					蓝莓	4
					醋栗	3
					葡萄	2
					猕猴桃	5
					草莓	2
					柿子	5

续表

序号	项目名称	农药类型/功能	实验室检测方法	快速检测方法	最大残留限量/（mg/kg）*	
8	吡唑醚菌酯	氨基甲酸酯类杀菌剂	1.GB 23200.34 2.GB 23200.54	T/ZNZ 017适用范围：草莓、杨梅	杨梅	10
					无花果	5
					杨桃	5
					莲雾	1
					荔枝	0.1
					龙眼	5
					杧果	0.05
					香蕉	1
					番木瓜	3
					菠萝	1
					西瓜	0.5
					甜瓜类水果（哈密瓜除外）	0.5
					哈密瓜	0.2
					干制水果	
					李子干	0.8
					葡萄干	5
					干制无花果	30
9	丙环唑	杀菌剂	1. GB 23200.8 2. GB 23200.113 3. GB/T 20769 4. SN/T 0519	1. T/JAASS 2适用范围：菜心、小白菜、芥蓝等蔬菜 2. DB22/T 2000适用范围：蔬菜	蔬菜	
					大蒜	0.2
					洋葱	0.1
					葱	0.5
					青蒜	2
					蒜薹	0.5
					百合（鲜）	0.05
					芹菜	20
					番茄	3
					马铃薯	0.05
					茭白	0.1
					蒲菜	0.05
					菱角	0.05
					芡实	0.05
					莲子（鲜）	0.05
					莲藕	0.05
					荸荠	0.05
					慈姑	0.05
					玉米笋	0.05
					水果	
					橙	9
					苹果	0.1
					枇杷	0.1
					桃	5
					枣（鲜）	5
					李子	0.6
					越橘	0.3
					香蕉	1

续表

序号	项目名称	农药类型/功能	实验室检测方法	快速检测方法	最大残留限量/(mg/kg)*	
9	丙环唑	杀菌剂	1. GB 23200.8 2. GB 23200.113 3. GB/T 20769 4. SN/T 0519	1. T/JAASS 2 适用范围：菜心、小白菜、芥蓝等蔬菜 2. DB22/T 2000 适用范围：蔬菜	菠萝 干制水果 李子干	0.02 0.6
10	丙硫克百威	氨基甲酸酯类杀虫剂	SN/T 2915	1. NY/T 448 适用范围：叶菜类（除韭菜）、果菜类、豆菜类、瓜菜类、根菜类（除胡萝卜、茭白等） 2. DB22/T 2000 适用范围：蔬菜	—	—
11	丙溴磷	有机磷类杀虫、杀螨剂	1. GB 23200.8 2. GB 23200.113 3. GB 23200.116 4. GB 23200.8 5. NY/T 761 6. SN/T 0148 7. SN/T 2234	1. KJ 201710 适用范围：油菜、菠菜、芹菜、韭菜等蔬菜 2. GB/T 18630 适用范围：蔬菜 3. GB/T 5009.199 适用范围：蔬菜 4. DB22/T 2000 适用范围：蔬菜	蔬菜 　结球甘蓝 　花椰菜 　芥蓝 　普通白菜 　萝卜叶 　番茄 　辣椒 　萝卜 　马铃薯 　甘薯 水果 　柑 　橘 　橙 　苹果 　桑葚 　杜果 　山竹	 0.5 2 2 5 5 10 3 1 0.05 0.05 0.2 0.2 0.2 0.05 0.1 0.2 10
12	残杀威	氨基甲酸酯类杀虫剂	1.GB 23200.8 2.SN/T 2560 3.GB 23200.90 4.GB 23200.106 5.GB/T 5009.104 6.SN/T 2560	NY/T 448 适用范围：叶菜类（除韭菜）、果菜类、豆菜类、瓜菜类、根菜类（除胡萝卜、茭白等）	—	—
13	哒螨灵	杀虫、杀螨剂	1. GB 23200.8 2. GB 23200.113 3. GB/T 20769	T/NXFSA 001 适用范围：枸杞鲜果和干果	水果 　枸杞（鲜）	 3

续表

序号	项目名称	农药类型/功能	实验室检测方法	快速检测方法	最大残留限量/（mg/kg）*	
14	敌百虫	有机磷类杀虫剂	1. GB/T 20769 2. GB 23200.116 3. NY/T 761 4. SN/T 0148	1. KJ 201710 适用范围：油菜、菠菜、芹菜、韭菜等蔬菜 2. GB/T 18630 适用范围：蔬菜 3. GB/T 5009.199 适用范围：蔬菜 4. GB/T 18626 适用范围：肉	蔬菜	
					鳞茎类蔬菜	0.2
					芸薹属类蔬菜（结球甘蓝、花椰菜、青花菜、芥蓝除外）	0.2
					结球甘蓝	0.1
					花椰菜	0.1
					青花菜	0.5
					芥蓝	1
					叶菜类蔬菜（普通白菜、大白菜除外）	0.2
					普通白菜	0.1
					大白菜	2
					茄果类蔬菜	0.02
					瓜类蔬菜	0.02
					豆类蔬菜（菜用大豆除外）	0.2
					菜用大豆	0.1
					茎类蔬菜（茎用莴苣除外）	0.2
					茎用莴苣	1
					根茎类和薯芋类蔬菜（萝卜、胡萝卜除外）	0.2
					萝卜	0.5
					胡萝卜	0.5
					水生类蔬菜	0.2
					芽菜类蔬菜	0.2
					其他类蔬菜	0.2
					水果	
					柑橘类水果	0.2
					仁果类水果	0.2
					核果类水果［枣（鲜）除外］	0.2
					枣（鲜）	0.3
					浆果和其他小型类水果	0.2
					热带和亚热带类水果	0.2
					瓜果类水果	0.2
15	敌敌畏	有机磷类杀虫剂	1. GB 23200.8 2. GB 23200.113 3. GB/T 5009.20 4. GB 23200.116 5. GB/T 5009.145 6. NY/T 761 7. SN/T 0148 8. DB34/T 1076	1. KJ 201710 适用范围：油菜、菠菜、芹菜、韭菜等蔬菜 2. GB/T 18630 适用范围：蔬菜 3. GB/T 5009.199 适用范围：蔬菜 4. NY/T 448 适用范围：叶菜类（除韭菜）、果菜类、豆类、瓜菜类、根菜类（除胡萝卜、茭白等） 5. GB/T 18626 适用范围：肉	蔬菜	
					鳞茎类蔬菜	0.2
					芸薹属类蔬菜（结球甘蓝、花椰菜、青花菜、芥蓝、菜薹除外）	0.2
					结球甘蓝	0.5
					花椰菜	0.1
					青花菜	0.1
					芥蓝	0.1
					菜薹	0.1
					叶菜类蔬菜（菠菜、普通白菜、茎用莴苣叶、大白菜除外）	0.2
					菠菜	0.5

续表

序号	项目名称	农药类型/功能	实验室检测方法	快速检测方法	最大残留限量/（mg/kg）*	
15	敌敌畏	有机磷类杀虫剂	1. GB 23200.8 2. GB 23200.113 3. GB/T 5009.20 4. GB 23200.116 5. GB/T 5009.145 6. NY/T 761 7. SN/T 0148 8. DB34/T 1076	1. KJ 201710 适用范围：油菜、菠菜、芹菜、韭菜等蔬菜 2. GB/T 18630 适用范围：蔬菜 3. GB/T 5009.199适用范围：蔬菜 4. NY/T 448 适用范围：叶菜类（除韭菜）、果菜类、豆菜类、瓜菜类、根菜类（除胡萝卜、茭白等） 5. GB/T 18626适用范围：肉	普通白菜	0.1
					茎用莴苣叶	0.3
					大白菜	0.5
					茄果类蔬菜	0.2
					瓜类蔬菜	0.2
					豆类蔬菜	0.2
					茎类蔬菜（茎用莴苣除外）	0.2
					茎用莴苣	0.1
					根茎类和薯芋类蔬菜（萝卜、胡萝卜除外）	0.2
					萝卜	0.5
					胡萝卜	0.5
					水生类蔬菜	0.2
					芽菜类蔬菜	0.2
					其他类蔬菜	0.2
					水果	
					柑橘类水果	0.2
					仁果类水果（苹果除外）	0.2
					苹果	0.1
					香蕉	0.05
					核果类水果（桃除外）	0.2
					桃	0.1
					浆果和其他小型类水果	0.2
					热带和亚热带类水果	0.2
					瓜果类水果	0.2
16	丁硫克百威	氨基甲酸酯类杀虫剂	GB 23200.13	1. GB/T 5009.199适用范围：蔬菜 2. NY/T 448 适用范围：叶菜类（除韭菜）、果菜类、豆菜类、瓜菜类、根菜类（除胡萝卜、茭白等） 3. DB22/T 2000适用范围：蔬菜	蔬菜	
					鳞茎类蔬菜	0.01
					芸薹属类蔬菜	0.01
					叶菜类蔬菜	0.01
					茄果类蔬菜	0.01
					瓜类蔬菜	0.01
					豆类蔬菜	0.01
					茎类蔬菜	0.01
					根茎类和薯芋类蔬菜	0.01
					水生类蔬菜	0.01
					芽菜类蔬菜	0.01
					其他类蔬菜	0.01
					干制蔬菜	0.01
					水果	
					柑橘类水果	0.01
					仁果类水果	0.01
					核果类水果	0.01
					浆果和其他小型类水果	0.01
					热带和亚热带类水果	0.01
					瓜果类水果	0.01
					干制水果	0.01

序号	项目名称	农药类型/功能	实验室检测方法	快速检测方法	最大残留限量/（mg/kg）*	
17	啶虫脒	有机氯类杀虫剂	1. GB 23200.8 2. GB 23200.50 3. GB/T 23584 4. NY/T 1453 5. SN/T 4886 6. DB34/T 3303	1. T/ZNZ 017适用范围：草莓、杨梅 2. T/ZNZ 016适用范围：茶叶 3. T/NXFSA 001适用范围：枸杞鲜果和干果	蔬菜	
					鳞茎类蔬菜［大蒜、洋葱、韭菜、葱、青蒜、蒜薹、百合（鲜）除外］	0.02
					大蒜	0.05
					洋葱	0.1
					韭菜	2
					葱	5
					青蒜	2
					蒜薹	0.7
					百合（鲜）	0.05
					结球甘蓝	0.5
					头状花序芸薹属类蔬菜（花椰菜、青花菜除外）	0.4
					花椰菜	0.5
					青花菜	0.1
					芥蓝	5
					菜薹	3
					叶菜类蔬菜（菠菜、普通白菜、叶用莴苣、茎用莴苣叶、芹菜、大白菜除外）	1.5
					菠菜	5
					普通白菜	1
					叶用莴苣	5
					茎用莴苣叶	5
					芹菜	3
					大白菜	1
					茄果类蔬菜（番茄、茄子、甜椒、黄秋葵除外）	0.2
					番茄	1
					茄子	1
					甜椒	1
					黄秋葵	1
					黄瓜	1
					西葫芦	0.2
					节瓜	0.2
					苦瓜	0.5
					冬瓜	0.2
					南瓜	1
					荚可食类豆类蔬菜（菜豆、食荚豌豆除外）	0.4
					菜豆	0.5
					食荚豌豆	1
					荚不可食豆类蔬菜（蚕豆除外）	0.3

续表

序号	项目名称	农药类型/功能	实验室检测方法	快速检测方法	最大残留限量/（mg/kg）*	
17	啶虫脒	有机氯类杀虫剂	1. GB 23200.8 2. GB 23200.50 3. GB/T 23584 4. NY/T 1453 5. SN/T 4886 6. DB34/T 3303	1. T/ZNZ 017适用范围：草莓、杨梅 2. T/ZNZ 016适用范围：茶叶 3. T/NXFSA 001适用范围：枸杞鲜果和干果	蚕豆	0.5
					芦笋	0.8
					茎用莴苣	1
					萝卜	0.5
					豆瓣菜	0.3
					莲子（鲜）	0.05
					莲藕	0.05
					水果	
					柑橘类水果（柑、橘、橙、柠檬、金橘除外）	2
					柑	0.5
					橘	0.5
					橙	0.5
					柠檬	0.5
					金橘	0.5
					仁果类水果（苹果除外）	2
					苹果	0.8
					核果类水果	2
					浆果和其他小型类水果［枸杞（鲜）、葡萄除外］	2
					枸杞（鲜）	1
					葡萄	0.5
					热带和亚热带类水果（杨梅、香蕉、番木瓜、火龙果除外）	2
					杨梅	0.2
					香蕉	3
					番木瓜	0.5
					火龙果	0.2
					瓜果类水果（西瓜、甜瓜除外）	2
					西瓜	0.2
					甜瓜	0.2
					干制水果	
					李子干	0.6
18	毒死蜱	有机磷杀虫剂、杀螨剂	1. DZ/T 0064.72 2. SN/T 2158 3. SN/T 2324 4. DB37/T 4155 5. GB 23200.8 6. NY/T 761 7. GB 23200.93 8. GB 23200.97 9. GB 23200.40 10. GB/T 5009.145 11. NY/T 447 12. SN/T 0148 13. SN/T 1950 14. DB34/T 1075	1. T/JAASS 8适用范围：水果、蔬菜 2. T/GZTPA 0002适用范围：水果、蔬菜 3. T/JAASS 3适用范围：大米 4. T/KJFX 001适用范围：茶叶 5. GB/T 5009.199适用范围：蔬菜 6. T/ZNZ 017适用范围：草莓、杨梅 7. T/NXFSA 001适用范围：枸杞鲜果和干果	谷物	
					稻谷	0.5
					小麦	0.5
					玉米	0.05
					绿豆	0.7
					小麦粉	0.1
					蔬菜	
					鳞茎类蔬菜	0.02
					芸薹属类蔬菜	0.02
					叶菜类蔬菜（芹菜除外）	0.02
					芹菜	0.05
					茄果类蔬菜	0.02
					瓜类蔬菜	0.02

序号	项目名称	农药类型/功能	实验室检测方法	快速检测方法	最大残留限量/（mg/kg）*	
18	毒死蜱	有机磷杀虫剂、杀螨剂	1. DZ/T 0064.72 2. SN/T 2158 3. SN/T 2324 4. DB37/T 4155 5. GB 23200.8 6. NY/T 761 7. GB 23200.93 8. GB 23200.97 9. GB 23200.40 10. GB/T 5009.145 11. NY/T 447 12. SN/T 0148 13. SN/T 1950 14. DB34/T 1075	1. T/JAASS 8 适用范围：水果、蔬菜 2. T/GZTPA 0002适用范围：水果、蔬菜 3. T/JAASS 3适用范围：大米 4. T/KJFX 001适用范围：茶叶 5. GB/T 5009.199适用范围：蔬菜 6. T/ZNZ 017适用范围：草莓、杨梅 7. T/NXFSA 001适用范围：枸杞鲜果和干果	豆类蔬菜（食荚豌豆除外）	0.02
					食荚豌豆	0.01
					茎类蔬菜（芦笋、朝鲜蓟除外）	0.02
					芦笋	0.05
					朝鲜蓟	0.05
					根茎类和薯芋类蔬菜	0.02
					水生类蔬菜	0.02
					芽菜类蔬菜	0.02
					其他类蔬菜	0.02
					干制蔬菜	0.02
					水果	
					柑	1
					橘	1
					橙	2
					柠檬	2
					柚	2
					佛手柑	1
					金橘	1
					苹果	1
					梨	1
					山楂	1
					枇杷	1
					榅桲	1
					桃	3
					杏	3
					李子	0.5
					枸杞（鲜）	0.5
					越橘	1
					葡萄	0.5
					猕猴桃	2
					草莓	0.3
					荔枝	1
					龙眼	1
					香蕉	2
					干制水果	
					李子干	0.5
					葡萄干	0.1
					饮料类	
					茶叶	2
					咖啡豆	0.05

续表

序号	项目名称	农药类型/功能	实验室检测方法	快速检测方法	最大残留限量 / （mg/kg）*	
19	对硫磷	有机磷类杀虫、杀螨剂	1. GB 23200.113 2. GB 23200.116 3. GB/T 5009.145 4. NY/T 761 5. SN/T 0148	1. GB/T 18630 适用范围：蔬菜 2. GB/T 5009.199 适用范围：蔬菜 3. NY/T 448 适用范围：叶菜类（除韭菜）、果菜类、豆菜类、瓜菜类、根菜类（除胡萝卜、茭白等） 4. GB/T 18626 适用范围：肉 5. T/ZNZ 017 适用范围：草莓、杨梅 6. DB22/T 2000 适用范围：蔬菜	蔬菜	
					鳞茎类蔬菜	0.01
					芸薹属类蔬菜	0.01
					叶菜类蔬菜	0.01
					茄果类蔬菜	0.01
					瓜类蔬菜	0.01
					豆类蔬菜	0.01
					茎类蔬菜	0.01
					根茎类和薯芋类蔬菜	0.01
					水生类蔬菜	0.01
					芽菜类蔬菜	0.01
					其他类蔬菜	0.01
					水果	
					柑橘类水果	0.01
					仁果类水果	0.01
					核果类水果	0.01
					浆果和其他小型类水果	0.01
					热带和亚热带类水果	0.01
					瓜果类水果	0.01
20	多菌灵	氨基甲酸酯类杀菌剂	1.GB/T 5009.188 2.GB/T 23380 3.NY/T 1453 4.NY/T 1680 5.SN/T 0162 6.SN/T 1753 7.SN/T 3650 8.GB/T 5009.38 9.SN/T 2559 10.DB 34/T 2406 11.T/GZTPA 0004 12.DB15/T 1476	1. T/ZNZ 017 适用范围：草莓、杨梅 2. T/CATCM 010 适用范围：植物类中药材及饮片 3. T/NXSPAQXH 001 适用范围：枸杞	蔬菜	
					芦笋	0.5
					水果	
					柑	5
					橘	5
					橙	5
					苹果	5
					梨	3
					香蕉	2
21	二甲戊灵	除草剂	1. GB 23200.8 2. GB 23200.113 3. NY/T 1379	—	蔬菜	
					大蒜	0.1
					韭菜	0.2
					葱	0.4
					结球甘蓝	0.2
					抱子甘蓝	0.5
					羽衣甘蓝	0.5
					皱叶甘蓝	0.5
					菠菜	0.2
					普通白菜	0.2
					叶用莴苣	0.1
					叶芥菜	0.3
					萝卜叶	0.3
					芜菁叶	0.3

续表

序号	项目名称	农药类型/功能	实验室检测方法	快速检测方法	最大残留限量/（mg/kg）*	
21	二甲戊灵	除草剂	1. GB 23200.8 2. GB 23200.113 3. NY/T 1379	—	芹菜	0.2
					球茎茴香	0.05
					大白菜	0.2
					荚可食类豆类蔬菜	0.05
					豌豆	0.05
					芦笋	0.1
					胡萝卜	0.5
					马铃薯	0.2
					水果	
					柑橘类水果	0.03
22	二嗪磷	有机磷类杀虫、杀螨剂	1. GB 23200.8 2. GB 23200.113 3. GB/T 20769 4. GB/T 5009.107 5. GB 23200.116 6. NY/T 761 7. SN/T 0148 8. DB34/T 1076	1. GB/T 18630 适用范围：蔬菜 2. GB/T 18626 适用范围：肉 3. DB22/T 2000 适用范围：蔬菜	蔬菜	
					洋葱	0.05
					葱	1
					结球甘蓝	0.5
					球茎甘蓝	0.2
					羽衣甘蓝	0.05
					花椰菜	1
					青花菜	0.5
					菠菜	0.5
					普通白菜	0.2
					叶用莴苣	0.5
					结球莴苣	0.5
					大白菜	0.05
					番茄	0.5
					甜椒	0.05
					黄瓜	0.1
					西葫芦	0.05
					菜豆	0.2
					食荚豌豆	0.2
					萝卜	0.1
					胡萝卜	0.5
					马铃薯	0.01
					玉米笋	0.02
					水果	
					仁果类水果	0.3
					桃	0.2
					李子	1
					樱桃	1
					黑莓	0.1
					越橘	0.2
					加仑子	0.2
					醋栗	0.2
					波森莓	0.1
					猕猴桃	0.2
					草莓	0.1
					菠萝	0.1
					哈密瓜	0.2
					干制水果	
					李子干	2

续表

序号	项目名称	农药类型/功能	实验室检测方法	快速检测方法	最大残留限量/（mg/kg）*	
23	伏杀磷（伏杀硫磷）	有机磷类杀虫、杀螨剂	1. GB 23200.8 2. GB 23200.113 3. GB 23200.116 4. NY/T 761 5. SN/T 0148 6. DB34/T 1076	1. GB/T 18630 适用范围：蔬菜 2. GB/T 18626 适用范围：肉	蔬菜	
					菠菜	1
					普通白菜	1
					叶用莴苣	1
					大白菜	1
					水果	
					仁果类水果	2
					核果类水果	2
24	氟硅唑	杀菌剂	1. GB 23200.8 2. GB 23200.53 3. GB/T 20769 4. SN/T 4886	—	蔬菜	
					番茄	0.2
					黄瓜	1
					刀豆	0.2
					玉米笋	0.01
					水果	
					柑	2
					橘	2
					橙	2
					仁果类水果（苹果、梨除外）	0.3
					苹果	0.2
					梨	0.2
					桃	0.2
					油桃	0.2
					杏	0.2
					葡萄	0.5
					草莓	1
					香蕉	1
					番木瓜	1
					干制水果	
					葡萄干	0.3
25	腐霉利	杀菌剂	1. SN/T 2230 2. GB 23200.26 3. GB 23200.71 4. SN/T 3303	DB34/T 3891 适用范围：蔬菜	蔬菜	
					大蒜	2
					韭菜	0.2
					葱	7
					青蒜	5
					蒜薹	3
					花椰菜	5
					菠菜	10
					叶用莴苣	15
					油麦菜	15
					番茄	2
					茄子	5
					辣椒	5
					黄瓜	2
					茎用莴苣	5
					豆瓣菜	30

续表

序号	项目名称	农药类型/功能	实验室检测方法	快速检测方法	最大残留限量/（mg/kg）*	
25	腐霉利	杀菌剂	1. SN/T 2230 2. GB 23200.26 3. GB 23200.71 4. SN/T 3303	DB34/T 3891适用范围：蔬菜	水果 　葡萄 　草莓	5 10
26	环氧七氯	有机氯类杀虫剂	1. GB 23200.86 2. GB 23200.88 3. GB/T 5009.162 4. GB/T 2795 5. SN 0497 6. SN/T 2899 7. SN/T 0663 8. DB34/T 1075	—	蔬菜 　鳞茎类蔬菜 　芸薹属类蔬菜 　叶菜类蔬菜 　茄果类蔬菜 　瓜类蔬菜 　豆类蔬菜 　茎类蔬菜 　根茎类和薯芋类蔬菜 　水生类蔬菜 　芽菜类蔬菜 　其他类蔬菜 水果 　柑橘类水果 　仁果类水果 　核果类水果 　浆果和其他小型类水果 　热带和亚热带类水果 　瓜果类水果	0.02 0.02 0.02 0.02 0.02 0.02 0.02 0.02 0.02 0.02 0.02 0.01 0.01 0.01 0.01 0.01 0.01
27	甲胺磷	有机磷类杀虫、杀螨剂	1. GB 23200.113 2. GB/T 5009.103 3. GB 23200.116 4. NY/T 761 5. SN/T 0148 6. DB34/T 1076	1. GB/T 18630适用范围：蔬菜 2. GB/T 5009.199适用范围：蔬菜 3. NY/T 448适用范围：叶菜类（除韭菜）、果菜类、豆菜类、瓜菜类、根菜类（除胡萝卜、茭白等） 4. DB22/T 2000适用范围：蔬菜 5. GB/T 18626适用范围：肉	蔬菜 　鳞茎类蔬菜 　芸薹属类蔬菜 　叶菜类蔬菜 　茄果类蔬菜 　瓜类蔬菜 　豆类蔬菜 　茎类蔬菜 　根茎类和薯芋类蔬菜 　（萝卜除外） 　萝卜 　水生类蔬菜 　芽菜类蔬菜 　其他类蔬菜 水果 　柑橘类水果 　仁果类水果 　核果类水果 　浆果和其他小型类水果 　热带和亚热带类水果 　瓜果类水果	0.05 0.05 0.05 0.05 0.05 0.05 0.05 0.05 0.1 0.05 0.05 0.05 0.05 0.05 0.05 0.05 0.05 0.05

续表

序号	项目名称	农药类型/功能	实验室检测方法	快速检测方法	最大残留限量/（mg/kg）*	
28	甲拌磷	有机磷类杀虫剂	1. GB 23200.113 2. GB 23200.116 3. GB/T 5009.20 4. GB/T 5009.145 5. NY/T 761 6. SN/T 0148 7. DB34/T 1076 8. DB37/T 3322	1. GB/T 18630 适用范围：蔬菜 2. NY/T 448 适用范围：叶菜类（除韭菜）、果菜类、豆菜类、瓜菜类、根菜类（除胡萝卜、茭白等） 3. DB22/T 2000 适用范围：蔬菜 4. GB/T 18626 适用范围：肉	蔬菜 　鳞茎类蔬菜 　芸薹属类蔬菜 　叶菜类蔬菜 　茄果类蔬菜 　瓜类蔬菜 　豆类蔬菜 　茎类蔬菜 　根茎类和薯芋类蔬菜 　水生类蔬菜 　芽菜类蔬菜 　其他类蔬菜 干制蔬菜 水果 　柑橘类水果 　仁果类水果 　核果类水果 　浆果和其他小型类水果 　热带和亚热带类水果 　瓜果类水果 干制水果	 0.01 0.01 0.01 0.01 0.01 0.01 0.01 0.01 0.01 0.01 0.01 0.01 0.01 0.01 0.01 0.01 0.01 0.01 0.01
29	甲基毒死蜱	有机磷类杀虫剂、杀螨剂	1. SN/T 2324 2. GB 23200.112 3. NY/T 761 4. SN/T 0148 5. DB34/T 1075	T/JAASS 3—2020适用范围：大米	谷物 　稻谷 　麦类 　旱粮类 　杂粮类 　成品粮 蔬菜 　结球甘蓝 　薯类蔬菜	 5 5 5 5 5 0.1 5
30	甲基对硫磷	有机磷类杀虫、杀螨剂	1. GB 23200.113 2. GB/T 5009.20 3. GB 23200.116 4. GB/T 5009.145 5. NY/T 761 6. SN/T 0148 7. DB34/T 1076	1. GB/T 18630 适用范围：蔬菜 2. GB/T 5009.199适用范围：蔬菜 3. NY/T 448 适用范围：叶菜类（除韭菜）、果菜类、豆菜类、瓜菜类、根菜类（除胡萝卜、茭白等） 4. GB/T 18626 适用范围：肉 5. T/JAASS 5—2020适用范围：蔬菜 6.T/NXFSA 001适用范围：枸杞鲜果和干果 7. DB22/T 2000 适用范围：蔬菜	蔬菜 　鳞茎类蔬菜 　芸薹属类蔬菜 　叶菜类蔬菜 　茄果类蔬菜 　瓜类蔬菜 　豆类蔬菜 　茎类蔬菜 　根茎类和薯芋类蔬菜 　水生类蔬菜 　芽菜类蔬菜 　其他类蔬菜 水果 　柑橘类水果 　仁果类水果 　核果类水果 　浆果和其他小型类水果 　热带和亚热带类水果 　瓜果类水果	 0.02 0.02 0.02 0.02 0.02 0.02 0.02 0.02 0.02 0.02 0.02 0.02 0.01 0.02 0.02 0.02 0.02

续表

序号	项目名称	农药类型/功能	实验室检测方法	快速检测方法	最大残留限量/（mg/kg）*	
31	甲基异柳磷	有机磷类杀虫、杀螨剂	1. GB 23200.113 2. GB 23200.116 3. GB/T 5009.144 4. SN/T 0148	1. GB/T 5009.199适用范围：蔬菜 2. DB22/T 2000适用范围：蔬菜	蔬菜	
					鳞茎类蔬菜	0.01
					芸薹属类蔬菜	0.01
					叶菜类蔬菜	0.01
					茄果类蔬菜	0.01
					瓜类蔬菜	0.01
					豆类蔬菜	0.01
					茎类蔬菜	0.01
					根茎类和薯芋类蔬菜（甘薯除外）	0.01
					甘薯	0.01
					水生类蔬菜	0.01
					芽菜类蔬菜	0.01
					其他类蔬菜	0.01
					干制蔬菜	0.01
					水果	
					柑橘类水果	0.01
					仁果类水果	0.01
					核果类水果	0.01
					浆果和其他小型类水果	0.01
					热带和亚热带类水果	0.01
					瓜果类水果	0.01
					干制水果	0.01
32	甲萘威（西维因）	氨基甲酸酯类杀虫剂、杀螨、杀线虫剂	1. GB 23200.112 2. GB/T 5009.145 3. GB/T 20769 4. GB/T 5009.104 5. GB/T 5009.21 6. GB/T 5009.145 7. NY/T 761 8. NY/T 1679 9. SN/T 0134 10. SN/T 2560 11. DB34/T 1076	1. GB/T 18630适用范围：蔬菜 2. GB/T 5009.199适用范围：蔬菜 3. NY/T 448适用范围：叶菜类（除韭菜）、果菜类、豆类、瓜菜类、根菜类（除胡萝卜、茭白等） 4. DB22/T 2000适用范围：蔬菜 5. GB/T 18626适用范围：肉	蔬菜	
					鳞茎类蔬菜	1
					芸薹属类蔬菜（结球甘蓝除外）	1
					结球甘蓝	2
					叶菜类蔬菜（普通白菜除外）	1
					普通白菜	5
					茄果类蔬菜（辣椒除外）	1
					辣椒	0.5
					瓜类蔬菜	1
					豆类蔬菜	1
					茎类蔬菜	1
					根茎类和薯芋类蔬菜（胡萝卜、甘薯除外）	1
					胡萝卜	0.5
					甘薯	0.02
					水生类蔬菜	1
					芽菜类蔬菜	1
					其他类蔬菜（玉米笋除外）	1
					玉米笋	0.1

续表

序号	项目名称	农药类型/功能	实验室检测方法	快速检测方法	最大残留限量/（mg/kg）*	
33	甲氰菊酯	氨基甲酸酯类杀虫、杀螨剂	1. GB 23200.8 2. GB 23200.85 3. GB 23200.100 4. GB/T 5009.162 5. SN/T 2233 6. SN/T 0217 7. SN/T 4813	T/ZNZ 017适用范围：草莓、杨梅	蔬菜	
					韭菜	1
					结球甘蓝	0.5
					花椰菜	1
					青花菜	5
					芥蓝	3
					菜薹	3
					菠菜	1
					普通白菜	1
					茼蒿	7
					叶用莴苣	0.5
					茎用莴苣叶	7
					芹菜	1
					大白菜	1
					番茄	1
					茄子	0.2
					辣椒	1
					甜椒	1
					腌制用小黄瓜	0.2
					茎用莴苣	1
					萝卜	0.5
					水果	
					柑	5
					橘	5
					橙	5
					柠檬	5
					柚	5
					佛手柑	5
					金橘	5
					苹果	5
					梨	5
					山楂	5
					枇杷	5
					猕猴桃	5
					榅桲	5
					核果类水果（李子除外）	5
					李子	1
					浆果和其他小型类水果（草莓除外）	5
					草莓	2
					热带和亚热带类水果	5
					瓜果类水果	5
					干制水果	
					李子干	3
34	甲维盐	氨基甲酸酯类杀虫剂	—	T/ZNZ 017适用范围：草莓、杨梅	—	—

序号	项目名称	农药类型/功能	实验室检测方法	快速检测方法	最大残留限量/（mg/kg）*	
35	久效磷	有机磷类杀虫剂	1. GB 23200.113 2. GB 23200.116 3. NY/T 761 4. SN/T 0148 5. DB34/T 1076	1. GB/T 5009.199适用范围：蔬菜 2. NY/T 448 适用范围：叶菜类（除韭菜）、果菜类、豆菜类、瓜菜类、根菜类（除胡萝卜、茭白等） 3. DB22/T 2000适用范围：蔬菜	蔬菜	
					鳞茎类蔬菜	0.03
					芸薹属类蔬菜	0.03
					叶菜类蔬菜	0.03
					茄果类蔬菜	0.03
					瓜类蔬菜	0.03
					豆类蔬菜	0.03
					茎类蔬菜	0.03
					根茎类和薯芋类蔬菜	0.03
					水生类蔬菜	0.03
					芽菜类蔬菜	0.03
					其他类蔬菜	0.03
					水果	
					柑橘类水果	0.03
					仁果类水果	0.03
					核果类水果	0.03
					浆果和其他小型类水果	0.03
					热带和亚热带类水果	0.03
					瓜果类水果	0.03
36	抗蚜威	氨基甲酸酯类杀虫剂	1. GB 23200.8 2. GB 23200.113 3. GB/T 20769 4. GB/T 5009.104 5. NY/T 1379 6. NY/T 1679 7. SN/T 0134 8. SN/T 2560	1. GB/T 18630适用范围：蔬菜 2. NY/T 448 适用范围：叶菜类（除韭菜）、果菜类、豆菜类、瓜菜类、根菜类（除胡萝卜、茭白等） 3. DB22/T 2000适用范围：蔬菜	蔬菜	
					大蒜	0.1
					洋葱	0.1
					芸薹属类蔬菜（结球甘蓝、羽衣甘蓝、花椰菜除外）	0.5
					结球甘蓝	1
					羽衣甘蓝	0.3
					花椰菜	1
					普通白菜	5
					叶用莴苣	5
					结球莴苣	5
					大白菜	1
					茄果类蔬菜	0.5
					瓜类蔬菜	1
					豆类蔬菜	0.7
					芦笋	0.01
					朝鲜蓟	5
					根茎类和薯芋类蔬菜	0.05
					水果	
					柑橘类水果	3
					仁果类水果	1
					桃	0.5
					油桃	0.5
					杏	0.5
					枣（鲜）	0.5
					李子	0.5

续表

序号	项目名称	农药类型/功能	实验室检测方法	快速检测方法	最大残留限量/（mg/kg）*	
36	抗蚜威	氨基甲酸酯类杀虫剂	1. GB 23200.8 2. GB 23200.113 3. GB/T 20769 4. GB/T 5009.104 5. NY/T 1379 6. NY/T 1679 7. SN/T 0134 8. SN/T 2560	1. GB/T 18630适用范围：蔬菜 2. NY/T 448适用范围：叶菜类（除韭菜）、果菜类、豆菜类、瓜菜类、根菜类（除胡萝卜、茭白等） 3. DB22/T 2000适用范围：蔬菜	樱桃 瓜果类水果（甜瓜类水果除外） 甜瓜类水果 浆果和其他小型类水果	0.5 1 0.2 1
37	克百威	氨基甲酸酯类杀虫剂、杀螨、杀线虫剂	1. GB 23200.112 2. GB/T 5009.104 3. NY/T 761 4. NY/T 1679 5. SN/T 0337 6. SN/T 0134 7. SN/T 2560 8. DB34/T 1076	1. KJ 201710适用范围：油菜、菠菜、芹菜、韭菜等蔬菜 2. T/GZTPA 0001—2019适用范围：茶叶、蔬菜 3. T/CITS 0003适用范围：蔬菜 4. T/SATA 025适用范围：蔬菜 5. T/NXFSA 001适用范围：枸杞鲜果和干果 6. GB/T 18630适用范围：蔬菜 7. GB/T 5009.199适用范围：蔬菜 8. NY/T 448适用范围：叶菜类（除韭菜）、果菜类、豆菜类、瓜菜类、根菜类（除胡萝卜、茭白等） 9. GB/T 18626适用范围：肉 10. T/ZNZ 017适用范围：草莓、杨梅	蔬菜 　鳞茎类蔬菜 　芸薹属类蔬菜 　叶菜类蔬菜 　茄果类蔬菜 　瓜类蔬菜 　豆类蔬菜 　茎类蔬菜 　根茎类蔬菜和薯芋类蔬菜 　水生类蔬菜 　芽菜类蔬菜 　其他类蔬菜 水果 　柑橘类水果 　仁果类水果 　核果类水果 　浆果和其他小型类水果 　热带和亚热带类水果 　瓜果类水果	 0.02 0.02 0.02 0.02 0.02 0.02 0.02 0.02 0.02 0.02 0.02 0.02 0.02 0.02 0.02 0.02 0.02
38	乐果	有机磷类杀虫、杀螨剂	1. GB 23200.113 2. GB 23200.116 3. GB/T 5009.145 4. GB/T 20769 5. GB/T 5009.20 6. NY/T 761 7. SN/T 0148 8. DB34/T 1076	1. GB/T 18630适用范围：蔬菜 2. GB/T 5009.199适用范围：蔬菜 3. GB/T 18626适用范围：肉	蔬菜 　鳞茎类蔬菜 　芸薹属类蔬菜（皱叶甘蓝除外） 　皱叶甘蓝 　叶菜类蔬菜 　茄果类蔬菜 　瓜类蔬菜 　豆类蔬菜 　茎类蔬菜	 0.01 0.01 0.05 0.01 0.01 0.01 0.01 0.01

序号	项目名称	农药类型/功能	实验室检测方法	快速检测方法	最大残留限量/（mg/kg）*	
38	乐果	有机磷类杀虫、杀螨剂	1. GB 23200.113 2. GB 23200.116 3. GB/T 5009.145 4. GB/T 20769 5. GB/T 5009.20 6. NY/T 761 7. SN/T 0148 8. DB34/T 1076	1. GB/T 18630 适用范围：蔬菜 2. GB/T 5009.199适用范围：蔬菜 3. GB/T 18626适用范围：肉	根茎类和薯芋类蔬菜（甘薯除外）	0.01
					甘薯	0.05
					水生蔬菜	0.01
					芽菜类蔬菜	0.01
					其他类蔬菜	0.01
					干制蔬菜	0.01
					水果	
					柑橘类水果	0.01
					仁果类水果	0.01
					核果类水果	0.01
					浆果和其他小型类水果	0.01
					热带和亚热带类水果	0.01
					瓜果类水果	0.01
					干制水果	0.01
39	硫丹	有机氯类杀虫剂、杀螨剂	1. SC/T 3039 2. SN/T 1873 3. DB45/T 1015 4. GB 23200.8 5. GB 23200.86 6. GB/T 5009.19 7. GB/T 5009.162 8. GB/T 2795	SN/T 2094适用范围：粮谷、蔬菜、茶叶、烟草、水果、肉及肉制品、虾	谷物	
					稻类	0.05
					麦类	0.05
					旱粮类	0.05
					杂粮类	0.05
					成品粮	0.05
					蔬菜	
					鳞茎类蔬菜	0.05
					芸薹类蔬菜	0.05
					叶菜类蔬菜	0.05
					茄果类蔬菜	0.05
					瓜类蔬菜	0.05
					豆类蔬菜	0.05
					茎类蔬菜	0.05
					根茎类和薯芋类蔬菜	0.05
					水生类蔬菜	0.05
					芽菜类蔬菜	0.05
					其他类蔬菜	0.05
					干制蔬菜	0.05
					水果	
					柑橘类水果	0.05
					仁果类水果	0.05
					核果类水果	0.05
					浆果和其他小型类水果	0.05
					热带和亚热带类水果	0.05
					瓜果类水果	0.05
					干制水果	0.05
					饮料类	
					饮料类（茶叶除外）	0.05
					茶叶	10

续表

序号	项目名称	农药类型/功能	实验室检测方法	快速检测方法	最大残留限量/（mg/kg）*	
39	硫丹	有机氯类杀虫剂、杀螨剂	1. SC/T 3039 2. SN/T 1873 3. DB45/T 1015 4. GB 23200.8 5. GB 23200.86 6. GB/T 5009.19 7. GB/T 5009.162 8. GB/T 2795	SN/T 2094 适用范围：粮谷、蔬菜、茶叶、烟草、水果、肉及肉制品、虾	哺乳动物肉类（海洋哺乳动物除外），以脂肪中的残留量计 哺乳动物内脏（海洋哺乳动物除外）	0.2
					猪肝	0.1
					牛肝	0.1
					山羊肝	0.1
					绵羊肝	0.1
					猪肾	0.03
					牛肾	0.03
					山羊肾	0.03
					绵羊肾	0.03
					禽肉类	0.03
					禽类内脏	0.03
40	氯氟氰菊酯	菊酯类杀虫剂	1. GB 23200.8 2. GB 23200.113 3. GB/T 5009.146 4. NY/T 761	T/NXFSA 001 适用范围：枸杞鲜果和干果	水果	
					枸杞（鲜）	0.5
41	氯氰菊酯	菊酯类杀虫剂	1. GB 23200.8 2. GB 23200.113 3. GB/T 5009.146 4. NY/T 761	T/NXFSA 001 适用范围：枸杞鲜果和干果	—	—
42	马拉硫磷	有机磷类杀虫、杀螨剂	1. GB 23200.8 2. GB 23200.113 3. GB/T 20769 4. GB 23200.116 5. NY/T 761 6. SN/T 0148 7. DB34/T 1076	1. GB/T 5009.199 适用范围：蔬菜 2. DB22/T 2000 适用范围：蔬菜	蔬菜	
					大蒜	0.5
					洋葱	1
					葱	5
					结球甘蓝	0.5
					花椰菜	0.5
					青花菜	1
					芥蓝	5
					菜薹	7
					菠菜	2
					普通白菜	8
					叶用莴苣	8
					叶芥菜	2
					芜菁叶	5
					茎用莴苣叶	8
					芹菜	1
					大白菜	8
					番茄	0.5
					樱桃番茄	1
					茄子	0.5
					辣椒	0.5
					黄瓜	0.2

续表

序号	项目名称	农药类型/功能	实验室检测方法	快速检测方法	最大残留限量/（mg/kg）*	
42	马拉硫磷	有机磷类杀虫、杀螨剂	1. GB 23200.8 2. GB 23200.113 3. GB/T 20769 4. GB 23200.116 5. NY/T 761 6. SN/T 0148 7. DB34/T 1076	1. GB/T 5009.199适用范围：蔬菜 2. DB22/T 2000适用范围：蔬菜	西葫芦	0.1
					豇豆	2
					菜豆	2
					食荚豌豆	2
					扁豆	2
					蚕豆	2
					豌豆	2
					芦笋	1
					茎用莴苣	1
					萝卜	0.5
					胡萝卜	0.5
					芜菁	0.2
					马铃薯	0.5
					甘薯	8
					山药	0.5
					芋	8
					玉米笋	0.02
					水果	
					柑	2
					橘	2
					橙	4
					柠檬	4
					柚	4
					苹果	2
					梨	2
					桃	6
					油桃	6
					杏	6
					枣（鲜）	6
					李子	6
					樱桃	6
					蓝莓	10
					越橘	1
					桑葚	1
					葡萄	8
					草莓	1
					无花果	0.2
					荔枝	0.5
					干制水果	
					干制无花果	1
43	咪鲜胺和咪鲜胺锰盐	杀菌剂	1. NY/T 1456 2. NY/T 1453 3. DB34/T 2406	—	蔬菜	
					大蒜	0.1
					葱	2
					蒜薹	2
					菜薹	2
					薤菜	2

续表

序号	项目名称	农药类型/功能	实验室检测方法	快速检测方法	最大残留限量/（mg/kg）*	
43	咪鲜胺和咪鲜胺锰盐	杀菌剂	1. NY/T 1456 2. NY/T 1453 3. DB34/T 2406	—	辣椒	2
					黄瓜	1
					西葫芦	1
					丝瓜	0.5
					芦笋	0.5
					姜	0.1
					山药	0.3
					茭白	0.5
					水果	
					柑橘类水果（柑、橘、橙、金橘除外）	10
					柑	5
					橘	5
					橙	5
					金橘	7
					苹果	2
					梨	0.2
					枣（鲜）	3
					枸杞（鲜）	2
					葡萄	2
					猕猴桃	7
					柿子	2
					杨梅	7
					皮不可食热带和亚热带类水果（荔枝、龙眼、杧果、香蕉、火龙果除外）	7
					荔枝	2
					龙眼	5
					杧果	2
					香蕉	5
					火龙果	2
					西瓜	0.1
44	嘧菌酯	杀菌剂	1. GB 23200.54 2. NY/T 1453 3. SN/T 1976 4. GB 23200.34 5. GB 23200.46 6. SN/T 4886 7. DB15/T 1476	—	蔬菜	
					鳞茎类蔬菜（洋葱、葱除外）	1
					洋葱	2
					葱	7
					芸薹属类蔬菜（花椰菜除外）	5
					花椰菜	1
					蕹菜	10
					叶用莴苣	3
					菊苣	0.3
					芹菜	5

续表

序号	项目名称	农药类型/功能	实验室检测方法	快速检测方法	最大残留限量/（mg/kg）*	
44	嘧菌酯	杀菌剂	1. GB 23200.54	—	茄果类蔬菜（辣椒除外）	3
			2. NY/T 1453		辣椒	2
			3. SN/T 1976		瓜类蔬菜（黄瓜、西葫芦、丝瓜、南瓜除外）	1
			4. GB 23200.34		黄瓜	0.5
			5. GB 23200.46		西葫芦	3
			6. SN/T 4886		丝瓜	2
			7. DB15/T 1476		南瓜	3
					豆类蔬菜	3
					芦笋	0.01
					朝鲜蓟	5
					根茎类蔬菜（姜除外）	1
					姜	0.5
					马铃薯	0.1
					芋	0.2
					豆瓣菜	20
					莲子（鲜）	0.05
					莲藕	0.05
					水果	
					柑	1
					橘	1
					橙	1
					苹果	0.5
					梨	1
					枇杷	2
					桃	2
					油桃	2
					杏	2
					枣（鲜）	2
					李子	2
					樱桃	2
					青梅	2
					浆果和其他小型类水果（越橘、草莓除外）	5
					越橘	0.5
					草莓	10
					杨桃	0.1
					荔枝	0.5
					杧果	1
					石榴	0.2
					香蕉	2
					番木瓜	0.3
					火龙果	0.3
					西瓜	1

续表

序号	项目名称	农药类型/功能	实验室检测方法	快速检测方法	最大残留限量/（mg/kg）*	
45	灭多威	氨基甲酸酯类杀虫、杀螨剂	1. GB 23200.112 2. NY/T 761 3. NY/T 1679 4. SN/T 0337 5. SN/T 0134 6. SN/T 2560 7. DB34/T 1076	1. KJ 201710 适用范围：油菜、菠菜、芹菜、韭菜等蔬菜 2. GB/T 18630 适用范围：蔬菜 3. GB/T 5009.199 适用范围：蔬菜 4. NY/T 448 适用范围：叶菜类（除韭菜）、果菜类、豆菜类、瓜菜类、根菜类（除胡萝卜、茭白等） 5. DB22/T 2000 适用范围：蔬菜	蔬菜 　鳞茎类蔬菜 　芸薹属类蔬菜 　叶菜类蔬菜 　茄果类蔬菜 　瓜类蔬菜 　豆类蔬菜 　茎类蔬菜 　根茎类和薯芋类蔬菜 　水生类蔬菜 　芽菜类蔬菜 　其他类蔬菜 水果 　仁果类水果 　柑橘类水果 　核果类水果 　浆果和其他小型类水果 　热带和亚热带类水果 　瓜果类水果	0.2 0.2 0.2 0.2 0.2 0.2 0.2 0.2 0.2 0.2 0.2 0.2 0.2 0.2 0.2 0.2 0.2
46	灭菌丹	杀菌剂	SN/T 2320	—	蔬菜 　洋葱 　结球莴苣 　番茄 　黄瓜 　马铃薯 水果 　苹果 　葡萄 　草莓 　甜瓜类水果	1 50 3 1 0.1 10 10 5 3
47	灭蝇胺	杀虫剂	NY/T 1725		蔬菜 　洋葱 　葱 　青花菜 　叶用莴苣 　结球莴苣 　油麦菜 　叶芥菜 　茎用莴苣叶 　芹菜 　甜椒 　黄瓜 　西葫芦 　苦瓜 　丝瓜	0.1 3 1 4 4 20 10 15 4 3 1 2 2 10

序号	项目名称	农药类型/功能	实验室检测方法	快速检测方法	最大残留限量/（mg/kg）*	
47	灭蝇胺	杀虫剂	NY/T 1725	—	豇豆	0.5
					菜豆	0.5
					食荚豌豆	0.5
					扁豆	0.5
					蚕豆	0.5
					豌豆	0.5
					朝鲜蓟	3
					茎用莴苣	1
					姜	7
					水果	
					杞果	0.2
					瓜果类水果（西瓜除外）	0.2
48	内吸磷	有机磷类杀虫、杀螨剂	1. GB/T 20769 2. GB 23200.116 3. GB/T 5009.145 4. SN/T 0148	1. GB/T 18630 适用范围：蔬菜 2. GB/T 18626 适用范围：肉	蔬菜	
					鳞茎类蔬菜	0.02
					芸薹属类蔬菜	0.02
					叶菜类蔬菜	0.02
					茄果类蔬菜	0.02
					瓜类蔬菜	0.02
					豆类蔬菜	0.02
					茎类蔬菜	0.02
					根茎类和薯芋类蔬菜	0.02
					水生类蔬菜	0.02
					芽菜类蔬菜	0.02
					其他类蔬菜	0.02
					水果	
					柑橘类水果	0.02
					仁果类水果	0.02
					核果类水果	0.02
					浆果和其他小型类水果	0.02
					热带和亚热带类水果	0.02
					瓜果类水果	0.02
49	氰戊菊酯	菊酯类杀虫剂	1. GB 23200.8 2. GB 23200.113 3. NY/T 761	T/NXFSA 001 适用范围：枸杞鲜果和干果	水果	
					枸杞（鲜）	0.7
50	炔螨特	杀螨剂	1. GB 23200.8 2. GB 23200.10 3. NY/T 1652	T/NXFSA 001 适用范围：枸杞鲜果和干果	水果	
					枸杞（鲜）	5
51	噻虫嗪	杀菌剂	1. GB 23200.8 2. GB 23200.34 3. GB 23200.39 4. SN/T 4886 5. DB34/T 3303 6. DB22/T 2992 7. DB15/T 1476	1. T/ZNZ 017 适用范围：草莓、杨梅 2. T/ZNZ 016 适用范围：茶叶	蔬菜	
					韭菜	10
					葱	0.3
					芸薹属类蔬菜（结球甘蓝、花椰菜、芥蓝、菜薹除外）	5
					结球甘蓝	0.2
					花椰菜	0.5

续表

序号	项目名称	农药类型/功能	实验室检测方法	快速检测方法	最大残留限量/（mg/kg）*	
51	噻虫嗪	杀菌剂	1. GB 23200.8 2. GB 23200.34 3. GB 23200.39 4. SN/T 4886 5. DB34/T 3303 6. DB22/T 2992 7. DB15/T 1476	1. T/ZNZ 017适用范围：草莓、杨梅 2. T/ZNZ 016适用范围：茶叶	芥蓝	2
					菜薹	1
					叶菜类蔬菜（菠菜、叶用莴苣、芜菁叶、茎用莴苣叶、芹菜除外）	3
					菠菜	5
					叶用莴苣	10
					芜菁叶	1
					茎用莴苣叶	5
					芹菜	1
					茄果类蔬菜（番茄、茄子、辣椒、黄秋葵除外）	0.7
					番茄	1
					茄子	0.5
					辣椒	1
					黄秋葵	2
					瓜类蔬菜（节瓜、苦瓜、丝瓜、冬瓜、南瓜除外）	0.5
					节瓜	1
					苦瓜	0.2
					丝瓜	0.2
					冬瓜	0.2
					南瓜	0.2
					荚可食类豆类蔬菜（菜豆除外）	0.3
					菜豆	7
					荚不可食豆类蔬菜	0.01
					芦笋	0.05
					朝鲜蓟	0.5
					茎用莴苣	1
					根茎类蔬菜（芜菁除外）	0.3
					芜菁	1
					马铃薯	0.2
					甘薯	0.05
					黄花菜（鲜）	2
					玉米笋	0.01
					干制蔬菜	
					黄花菜（干）	2
					水果	
					柑橘类水果	0.5
					苹果	0.3
					梨	0.3
					山楂	0.3
					枇杷	0.3
					榅桲	0.3

续表

序号	项目名称	农药类型/功能	实验室检测方法	快速检测方法	最大残留限量/（mg/kg）*	
51	噻虫嗪	杀菌剂	1. GB 23200.8 2. GB 23200.34 3. GB 23200.39 4. SN/T 4886 5. DB34/T 3303 6. DB22/T 2992 7. DB15/T 1476	1. T/ZNZ 017适用范围：草莓、杨梅 2. T/ZNZ 016适用范围：茶叶	核果类水果	1
					浆果和其他小型类水果（猕猴桃除外）	0.5
					猕猴桃	2
					杧果	0.2
					鳄梨	0.5
					香蕉	0.02
					番木瓜	0.01
					菠萝	0.01
					火龙果	0.2
					西瓜	0.2
					甜瓜类水果（香瓜除外）	0.5
					香瓜	2
52	三唑磷	有机磷类杀虫、杀螨剂	1.GB 23200.8 2.NY/T 761 3.DB34/T 1076 4.GB 23200.91 5.GB 23200.98 6.SC/T 3034 7.SN/T 0148 8.SN/T 1950 9.SN/T 4886 10.DB34/T 1076	1. T/ZNZ 017适用范围：草莓、杨梅	蔬菜	
					鳞茎类蔬菜	0.05
					芸薹属类蔬菜	0.05
					叶菜类蔬菜	0.05
					茄果类蔬菜	0.05
					瓜类蔬菜	0.05
					豆类蔬菜	0.05
					茎类蔬菜	0.05
					根茎类和薯芋类蔬菜	0.05
					水生类蔬菜	0.05
					芽菜类蔬菜	0.05
					其他类蔬菜	0.05
					干制蔬菜	0.05
					水果	
					柑	0.2
					橘	0.2
					橙	0.2
					苹果	0.2
					荔枝	0.2
53	杀螟硫磷	有机磷类杀虫剂	1. DB34/T 1076 2. GB 23200.93 3. GB/T 5009.20 4. GB/T 5009.161 5. NY/T 761 6. SN/T 2324 7. SN/T 0148 8. SN/T 3768 9. SN/T 1950 10. SN/T 4254 11. DB34/T 1076	1. DB22/T 2000适用范围：蔬菜 2. T/JAASS 6适用范围：蔬菜	蔬菜	
					鳞茎类蔬菜	0.5
					芸薹属类蔬菜（结球甘蓝除外）	0.5
					结球甘蓝	0.2
					叶菜类蔬菜	0.5
					茄果类蔬菜	0.5
					瓜类蔬菜	0.5
					豆类蔬菜	0.5
					茎类蔬菜	0.5
					根茎类和薯芋类蔬菜	0.5
					水生类蔬菜	0.5
					芽菜类蔬菜	0.5

续表

序号	项目名称	农药类型/功能	实验室检测方法	快速检测方法	最大残留限量/（mg/kg）*	
53	杀螟硫磷	有机磷类杀虫剂	1. DB 34/T 1076 2. GB 23200.93 3. GB/T 5009.20 4. GB/T 5009.161 5. NY/T 761 6. SN/T 2324 7. SN/T 0148 8. SN/T 3768 9. SN/T 1950 10. SN/T 4254 11. DB 34/T 1076	1. DB22/T 2000 适用范围：蔬菜 2. T/JAASS 6 适用范围：蔬菜	其他类蔬菜	0.5	
					水果	
					柑橘类水果	0.5
					仁果类水果	0.5
					核果类水果	0.5
					浆果和其他小型类水果	0.5
					热带和亚热带类水果	0.5
					瓜果类水果	0.5
54	杀扑磷	有机磷类杀虫、杀螨剂	1. GB 23200.8 2. GB 23200.113 3. GB 23200.116 4. GB/T 14553 5. GB/T 20769 6. NY/T 761 7. SN/T 0148 8. DB34/T 1076	1. NY/T 448 适用范围：叶菜类（除韭菜）、果菜类、豆菜类、瓜菜类、根菜类（除胡萝卜、茭白等） 2. DB22/T 2000 适用范围：蔬菜	蔬菜		
					鳞茎类蔬菜	0.05
					芸薹属类蔬菜	0.05
					叶菜类蔬菜	0.05
					茄果类蔬菜	0.05
					瓜类蔬菜	0.05
					豆类蔬菜	0.05
					茎类蔬菜	0.05
					根茎类和薯芋类蔬菜	0.05
					水生类蔬菜	0.05
					芽菜类蔬菜	0.05
					其他类蔬菜	0.05
					干制蔬菜	0.05
					水果	
					柑橘类水果	0.05
					仁果类水果	0.05
					核果类水果	0.05
					浆果和其他小型类水果	0.05
					热带和亚热带类水果	0.05
					瓜果类水果	0.05
55	霜霉威和霜霉威盐酸盐	杀菌剂	1. GB/T 20769 2. NY/T 1379 3. SN 0685 4. DB22/T 1975 5. GB/T 22622 6. GB/T 22621	—	蔬菜		
					洋葱	2
					韭葱	30
					抱子甘蓝	2
					花椰菜	0.2
					青花菜	3
					菠菜	100
					菊苣	2
					大白菜	10
					番茄	2
					茄子	0.3
					辣椒	2
					甜椒	3
					瓜类蔬菜	5

序号	项目名称	农药类型/功能	实验室检测方法	快速检测方法	最大残留限量/（mg/kg）*	
55	霜霉威和霜霉威盐酸盐	杀菌剂	1. GB/T 20769 2. NY/T 1379 3. SN 0685 4. DB22/T 1975 5. GB/T 22622 6. GB/T 22621		萝卜	1
					马铃薯	0.3
					水果	
					葡萄	2
					瓜果类水果	5
56	水胺硫磷	有机磷类杀虫、杀螨剂	1. GB 23200.113 2. GB/T 5009.20 3. GB 23200.116 4. GB/T 5009.109 5. NY/T 761 6. SN/T 0148 7. DB34/T 1076	1. GB/T 5009.199适用范围：蔬菜 2. T/CITS 0003适用范围：蔬菜 3. DB22/T 2000适用范围：蔬菜	蔬菜	
					鳞茎类蔬菜	0.05
					芸薹属类蔬菜	0.05
					叶菜类蔬菜	0.05
					茄果类蔬菜	0.05
					瓜类蔬菜	0.05
					豆类蔬菜	0.05
					茎类蔬菜	0.05
					根茎类和薯芋类蔬菜	0.05
					水生类蔬菜	0.05
					芽菜类蔬菜	0.05
					其他类蔬菜	0.05
					水果	
					柑橘类水果	0.02
					仁果类水果	0.01
					核果类水果	0.05
					浆果和其他小型类水果	0.05
					热带和亚热带类水果	0.05
					瓜果类水果	0.05
57	速灭威	氨基甲酸酯类杀虫剂，杀螨剂	1. DB34/T 1076 2. GB 23200.90 3. GB/T 5009.145 4. GB/T 5009.104 5. GB/T 5009.163 6. SN/T 0134	NY/T 448 适用范围：叶菜类（除韭菜）、果菜类、豆菜类、瓜菜类、根菜类（除胡萝卜、茭白等）	—	—
58	涕灭威	氨基甲酸酯类杀虫剂	1. GB 23200.112 2. NY/T 761 3. SN/T 2441 4. SN/T 0134 5. SN/T 2560 6. DB37/T 3321	1. NY/T 448 适用范围：叶菜类（除韭菜）、果菜类、豆菜类、瓜菜类、根菜类（除胡萝卜、茭白等） 2. DB22/T 2000适用范围：蔬菜	蔬菜	
					鳞茎类蔬菜	0.03
					芸薹属类蔬菜	0.03
					叶菜类蔬菜	0.03
					茄果类蔬菜	0.03
					瓜类蔬菜	0.03
					豆类蔬菜	0.03
					茎类蔬菜	0.03
					根茎类和薯芋类蔬菜（马铃薯、甘薯、山药、木薯除外）	0.03
					马铃薯	0.1
					甘薯	0.1
					山药	0.1

续表

序号	项目名称	农药类型/功能	实验室检测方法	快速检测方法	最大残留限量/（mg/kg）*	
58	涕灭威	氨基甲酸酯类杀虫剂	1. GB 23200.112 2. NY/T 761 3. SN/T 2441 4. SN/T 0134 5. SN/T 2560 6. DB37/T 3321	1. NY/T 448 适用范围：叶菜类（除韭菜）、果菜类、豆菜类、瓜菜类、根菜类（除胡萝卜、茭白等） 2. DB22/T 2000 适用范围：蔬菜	木薯	0.1
					水生类蔬菜	0.03
					芽菜类蔬菜	0.03
					其他类蔬菜	0.03
					水果	
					柑橘类水果	0.02
					仁果类水果	0.02
					核果类水果	0.02
					浆果和其他小型类水果	0.02
					热带和亚热带类水果	0.02
					瓜果类水果	0.02
59	戊唑醇	杀菌剂	1. GB 23200.8 2. GB 23200.113 3. GB/T 20769 4. SN/T 4886 5. SN/T 3935 6. DB34/T 2406 7. DB15/T 1476	—	蔬菜	
					大蒜	0.1
					洋葱	0.1
					葱	0.5
					韭葱	0.7
					结球甘蓝	1
					抱子甘蓝	0.3
					花椰菜	0.05
					青花菜	0.2
					结球莴苣	5
					萝卜叶	10
					芹菜	15
					大白菜	7
					番茄	2
					茄子	0.1
					辣椒	2
					甜椒	1
					黄瓜	1
					西葫芦	0.2
					苦瓜	2
					荚可食类豆类蔬菜	3
					芦笋	0.02
					朝鲜蓟	0.6
					萝卜	1
					胡萝卜	0.4
					玉米笋	0.6
					水果	
					柑	2
					橘	2
					橙	2
					苹果	2
					梨	0.5
					山楂	0.5

序号	项目名称	农药类型/功能	实验室检测方法	快速检测方法	最大残留限量/（mg/kg）*	
59	戊唑醇	杀菌剂	1. GB 23200.8 2. GB 23200.113 3. GB/T 20769 4. SN/T 4886 5. SN/T 3935 6. DB34/T 2406 7. DB15/T 1476	—	枇杷	0.2
					榅桲	0.5
					桃	2
					油桃	2
					杏	2
					李子	1
					樱桃	4
					桑葚	1.5
					葡萄	2
					猕猴桃	5
					西番莲	0.1
					草莓	2
					橄榄	0.05
					杧果	0.05
					香蕉	3
					番木瓜	2
					西瓜	0.1
					甜瓜类水果	0.15
					干制水果	
					李子干	3
					葡萄干	7
60	烯酰吗啉	杀菌剂	1. GB/T 20769 2. SN/T 2917	—	蔬菜	
					大蒜	0.6
					洋葱	0.6
					韭菜	10
					葱	9
					韭葱	0.8
					结球甘蓝	2
					青花菜	1
					芥蓝	30
					菜薹	10
					菠菜	30
					雍菜	30
					结球莴苣	10
					野苣	10
					油麦菜	40
					叶芥菜	20
					芜菁叶	30
					芋头叶	10
					芹菜	15
					茄果类蔬菜（茄子、辣椒除外）	1
					茄子	2
					辣椒	3
					瓜类蔬菜（黄瓜、南瓜除外）	0.5

续表

序号	项目名称	农药类型/功能	实验室检测方法	快速检测方法	最大残留限量/（mg/kg）*	
60	烯酰吗啉	杀菌剂	1. GB/T 20769 2. SN/T 2917	—	黄瓜	5
					南瓜	2
					食荚豌豆	0.15
					荚不可食豆类蔬菜	0.7
					朝鲜蓟	2
					根芥菜	2
					芜菁	3
					马铃薯	0.05
					水果	
					葡萄	5
					草莓	0.05
					莲雾	3
					龙眼	7
					番木瓜	7
					菠萝	0.01
					瓜果类水果	0.5
					干制水果	
					葡萄干	5
61	辛硫磷	有机磷类杀虫剂	1. GB/T 5009.102 2. GB/T 20769 3. NY/T 761 4. SN/T 0148	1. GB/T 18630 适用范围：蔬菜 2. GB/T 5009.199 适用范围：蔬菜 3. GB/T 18626 适用范围：肉	蔬菜	
					鳞茎类蔬菜（大蒜除外）	0.05
					大蒜	0.1
					芸薹属类蔬菜（结球甘蓝除外）	0.05
					结球甘蓝	0.01
					叶菜类蔬菜（普通白菜除外）	0.05
					普通白菜	0.1
					茄果类蔬菜	0.05
					瓜类蔬菜	0.05
					豆类蔬菜	0.05
					茎类蔬菜	0.05
					根茎类和薯芋类蔬菜	0.05
					水生类蔬菜	0.05
					芽菜类蔬菜	0.05
					其他类蔬菜	0.05
					水果	
					柑橘类水果	0.05
					苹果	0.3
					梨	0.05
					山楂	0.05
					枇杷	0.05
					榅桲	0.05
					核果类水果	0.05
					浆果和其他小型类水果	0.05
					热带和亚热带类水果	0.05
					瓜果类水果	0.05

续表

序号	项目名称	农药类型/功能	实验室检测方法	快速检测方法	最大残留限量/（mg/kg）*	
62	氧乐果	有机磷类杀虫、杀螨剂	1. GB 23200.113 2. GB 23200.116 3. GB/T 20769 4. NY/T 761 5. NY/T 1379	1. GB/T 18630 适用范围：蔬菜 2. GB/T 5009.199 适用范围：蔬菜 3. NY/T 448 适用范围：叶菜类（除韭菜）、果菜类、豆菜类、瓜菜类、根菜类（除胡萝卜、茭白等） 4. GB/T 18626 适用范围：肉 5. DB22/T 2000 适用范围：蔬菜	蔬菜	
					鳞茎类蔬菜	0.02
					芸薹属类蔬菜	0.02
					叶菜类蔬菜	0.02
					茄果类蔬菜	0.02
					瓜类蔬菜	0.02
					豆类蔬菜	0.02
					茎类蔬菜	0.02
					根茎类和薯芋类蔬菜	0.02
					水生蔬菜	0.02
					芽菜类蔬菜	0.02
					其他类蔬菜	0.02
					水果	
					柑橘类水果	0.02
					仁果类水果	0.02
					核果类水果	0.02
					浆果和其他小型类水果	0.02
					热带和亚热带类水果	0.02
					瓜果类水果	0.02
63	乙螨唑	杀螨剂	1. GB 23200.8 2. GB 23200.113 3. T/ZNX 011	—	蔬菜	
					甜椒	0.3
					黄瓜	0.02
					水果	
					柑橘类水果（柑、橘、橙除外）	0.1
					柑	0.5
					橘	0.5
					橙	0.5
					仁果类水果（苹果除外）	0.07
					苹果	0.1
					枸杞（鲜）	0.2
					葡萄	0.5
64	乙酰甲胺磷	有机磷类杀虫剂	1. GB 23200.113 2. GB 23200.116 3. GB/T 5009.103 4. GB/T 5009.145 5. NY/T 761 6. SN/T 0148 7. DB34/T 1076	1. GB/T 18630 适用范围：蔬菜 2. GB/T 5009.199 适用范围：蔬菜 3. GB/T 18626 适用范围：肉 4. DB22/T 2000 适用范围：蔬菜	蔬菜	
					鳞茎类蔬菜	0.02
					芸薹属类蔬菜	0.02
					叶菜类蔬菜	0.02
					茄果类蔬菜	0.02
					瓜类蔬菜	0.02
					豆类蔬菜	0.02
					茎类蔬菜	0.02
					根茎类和薯芋类蔬菜	0.02
					水生类蔬菜	0.02
					芽菜类蔬菜	0.02
					其他类蔬菜	0.02
					干制蔬菜	0.02
					水果	
					柑橘类水果	0.02

续表

序号	项目名称	农药类型/功能	实验室检测方法	快速检测方法	最大残留限量/（mg/kg）*	
64	乙酰甲胺磷	有机磷类杀虫剂	1. GB 23200.113 2. GB 23200.116 3. GB/T 5009.103 4. GB/T 5009.145 5. NY/T 761 6. SN/T 0148 7. DB34/T 1076	1. GB/T 18630 适用范围：蔬菜 2. GB/T 5009.199 适用范围：蔬菜 3. GB/T 18626 适用范围：肉 4. DB22/T 2000 适用范围：蔬菜	仁果类水果 核果类水果 浆果和其他小型类水果 热带和亚热带类水果 瓜果类水果 干制水果	0.02 0.02 0.02 0.02 0.02 0.02
65	异丙威	氨基甲酸酯类杀虫剂	1. GB 23200.112 2. GB 23200.113 3. GB/T 5009.104 4. NY/T 761 5. NY/T 1679 6. SN/T 0134 7. SN/T 2560 8. DB34/T 1076	1. NY/T 448 适用范围：叶菜类（除韭菜）、果菜类、豆菜类、瓜菜类、根菜类（除胡萝卜、茭白等） 2. DB22/T 2000 适用范围：蔬菜	蔬菜 　黄瓜	 0.5
66	异菌脲	杀菌剂	1. GB 23200.8 2. GB 23200.34 3. GB 23200.71 4. NY/T 1277 5. SN/T 4013	T/ZNZ 017 适用范围：草莓、杨梅	蔬菜 　洋葱 　韭菜 　葱 　花椰菜 　菠菜 　叶用莴苣 　油麦菜 　茎用莴苣叶 　番茄 　辣椒 　黄瓜 　菜豆 　菜用大豆 　茎用莴苣 　胡萝卜 　马铃薯 　豆瓣菜 水果 　苹果 　梨 　山楂 　枇杷 　榅桲 　桃 　樱桃 　黑莓 　醋栗 　葡萄 　猕猴桃 　香蕉 　西瓜 　香瓜	 0.2 25 25 7 25 25 25 10 5 5 2 2 2 2 10 0.5 25 5 5 5 5 5 10 10 30 30 10 5 10 0.5 1

*最大残留限量值依据标准：《食品安全国家标准　食品中农药最大残留限量》（GB 2763—2021）。

二、兽药残留类（禁用类）

兽药残留类（禁用类）检测指标见表7-2。

表7-2 兽药残留类（禁用类）检测指标

序号	项目名称	法规依据	实验室检测方法	快速检测方法
1	苯甲酸雌二醇	农业部公告第193号《食品动物禁用的兽药及其他化合物清单》规定禁止所有食品动物以任何用途使用苯甲酸雌二醇	1. GB 31658.7 2. GB 31660.2 3. GB 29698 4. GB/T 22967 5. 农业部958号公告—10—2007 6. SN/T 4892	—
2	丙酸睾酮	农业部公告第193号《食品动物禁用的兽药及其他化合物清单》规定禁止所有食品动物以任何用途使用丙酸睾酮	1. 农业部1031号公告—1—2008 2. 农业部1063号公告—2—2008	—
3	地美硝唑	农业部公告第193号《食品动物禁用的兽药及其他化合物清单》规定禁止所有食品动物以任何用途使用地美硝唑	1. GB/T 21318 2. GB/T 22949 3. GB/T 23410 4. 农业部1025号公告—2—2008	—
4	地西泮	农业部公告第193号《食品动物禁用的兽药及其他化合物清单》规定禁止所有食品动物以任何用途使用地西泮（安定）	1. GB 29697 2. NY/T 3412 3. SN/T 2624	1. KJ 202105 适用范围：鱼、虾 2. DB34/T 822 适用范围：动物肌肉、肝脏、肾脏
5	呋喃它酮代谢物	农业农村部第250号公告，已将呋喃它酮列入《食品动物中禁止使用的药品及其他化合物清单》	1. GB/T 22987 2. GB/T 18932.24 3. GB/T 20752 4. GB/T 21167 5. GB/T 21311 6. 农业部1077号公告—2—2008 7. 农业部781号公告—4—2006	KJ 201705 适用范围：鱼肉、虾肉、蟹肉等水产品
6	呋喃妥因代谢物	农业农村部第250号公告，已将呋喃妥因列入《食品动物中禁止使用的药品及其他化合物清单》	1. GB/T 22987 2. GB/T 18932.24 3. GB/T 20752 4. GB/T 21167 5. GB/T 21311 6. 农业部1077号公告—2—2008 7. 农业部781号公告—4—2006	KJ 201705 适用范围：鱼肉、虾肉、蟹肉等水产品
7	呋喃西林代谢物	农业农村部第250号公告，已将呋喃西林列入《食品动物中禁止使用的药品及其他化合物清单》	1. GB/T 22987 2. GB/T 18932.24 3. GB/T 20752 4. GB/T 21167 5. GB/T 21311 6. 农业部1077号公告—2—2008 7. 农业部781号公告—4—2006	1. KJ 201705 适用范围：鱼肉、虾肉、蟹肉等水产品 2. T/MMAT 002 适用范围：罗非鱼

序号	项目名称	法规依据	实验室检测方法	快速检测方法
8	呋喃唑酮代谢物	农业农村部第250号公告，已将呋喃唑酮列入《食品动物中禁止使用的药品及其他化合物清单》	1. GB/T 22987 2. GB/T 18932.24 3. GB/T 20752 4. GB/T 21167 5. GB/T 21311 6. NY/T 3410 7. SC/T 3022 8. 农业部1077号公告—2—2008 9. 农业部781号公告—4—2006 10. DB34/T 1034	1. KJ 201705 适用范围：鱼肉、虾肉、蟹肉等水产品 2. 农业部1025号公告—17—2008 适用范围：猪肌肉、猪肝脏、鸡肌肉、鸡肝脏、鱼肉 3. SB/T 10926 适用范围：动物组织 4. DBS 22/016 适用范围：水产品 5. T/MMAT 002 适用范围：罗非鱼 6. T/CAIA SH005 适用范围：动物源食品 7. DB32/T 1038 适用范围：水产品
9	己烯雌酚	1. 农业农村部公告第250号，已将己烯雌酚列入《食品动物中禁止使用的药品及其他化合物清单》。 2. 农业部公告第193号《食品动物禁用的兽药及其他化合物清单》规定禁止所有食品动物以任何用途使用己烯雌酚	1. GB 31660.2 2. GB/T 22992 3. GB/T 22963 4. GB/T 20766 5. GB/T 20443 6. GB/T 21981 7. GB/T 5009.108 8. 农业部1031号公告—4—2008 9. 农业部公告1163号公告—9—2009	1. 农业部公告1163号公告—1—2009 适用范围：猪肉、猪肝、虾 2. SC/T 3020 适用范围：水产品肌肉 3. SN/T 1956 适用范围：鸡肉、猪肉、牛肉、羊肉、猪肉饼
10	甲硝唑	农业部公告第193号《食品动物禁用的兽药及其他化合物清单》规定禁止所有食品动物以任何用途使用甲硝唑	1. GB/T 22982 2. GB/T 21318 3. GB/T 20744 4. GB/T 22949 5. GB/T 23406 6. GB/T 23407 7. GB/T 23410 8. 农业部1025号公告—2—2008 9. SN/T 1626 10. SN/T 4809 11. SN/T 2624 12. NY/T 1158	—
11	金刚烷胺	2005年农村部公告第560号，已将金刚烷胺列入《兽药地方标准废止目录》，停止生产、经营和使用	1. GB 31660.5 2. DB37/T 2833 3. DB32/T 1163 4. SN/T 4253 5. T/SDAA 018 6. T/SATA 012	DB13/T 5145 适用范围：鸡肉、鸭肉

序号	项目名称	法规依据	实验室检测方法	快速检测方法
12	金刚乙胺	2005年农村部公告第560号，已将金刚乙胺列入《兽药地方标准废止目录》，不得生产、经营和使用	1. SN/T 4253 2. T/SDAA 018	DB13/T 5145 适用范围：鸡肉、鸭肉
13	克伦特罗	1. 农业部公告第193号《食品动物禁用的兽药及其他化合物清单》规定禁止所有食品动物以任何用途使用克伦特罗 2. 农业部235号公告《动物性食品中兽药最高残留量》再次明确克伦特罗为禁止使用的兽药，在动物性食品中不得检出 3.《食品中可能违法添加的非食用物质和易滥用的食品添加剂名单（第四批）》（整顿办函〔2010〕50号）中将盐酸克伦特罗列为食品中可能违法添加的非食用物质 4. 农业农村部公告第250号将β-兴奋剂类及其盐、酯（克伦特罗属于其中一种）列入《食品动物中禁止使用的药品及其他化合物清单》中	1. GB/T 21313 2. GB/T 22944 3. GB/T 5009.192 4. NY/T 468 5. SN/T 4817 6. SN/T 1924 7. SN/T 2624	1. SB/T 10779 适用范围：动物肌肉 2. KJ 201706 适用范围：猪肉、牛肉等动物肌肉组织 3. SN/T 4818 适用范围：进出口禽类的血液、畜类的血液及尿液 4. DB34/T 824 适用范围：动物肌肉、肝脏、肾脏 5. DB34/T 823 适用范围：动物肌肉、肝脏、肾脏
14	孔雀石绿	1. 农业部公告第235号《动物性食品中兽药最高残留限量》规定禁止所有食品动物使用孔雀石绿，在动物所有可食组织中不得检出 2.《食品中可能违法添加的非食用物质和易滥用的食品添加剂名单（第四批）》（整顿办函〔2010〕50号）将孔雀石绿列为食品中可能违法添加的非食用物质 3. 农业农村部公告第250号将孔雀石绿列入《食品动物中禁止使用的药品及其他化合物清单》中 4. 农业部公告第193号《食品动物禁用的兽药及其他化合物清单》规定禁止所有食品动物以任何用途使用孔雀石绿	1. GB/T 20361 2. GB/T 19857 3. SC/T 3021 4. SN/T 5116	1. KJ 201701 适用范围：鱼肉 2. T/MMAT 002 适用范围：罗非鱼 3. DB34/T 2252 适用范围：鱼、甲鱼、龟肌肉组织、虾、蟹去壳、肠腺 4. DB34/T 1421 适用范围：水产品
15	莱克多巴胺	1. 2011年农业部公告第176号《禁止在饲料和动物饮用水中使用的药物品种目录》规定，禁止在饲料和动物饮用水中使用莱克多巴胺 2.《食品中可能违法添加的非食用物质和易滥用的食品添加剂名单（第四批）》（整顿办函〔2010〕50号）中将莱克多巴胺列为食品中可能违法添加的非食用物质 3. 农业农村部公告第250号将β-兴奋剂类及其盐、酯（莱克多巴胺属于其中一种）列入《食品动物中禁止使用的药品及其他化合物清单》中	1. GB/T 21313 2. 农业部958号公告—3—2007 3. 农业部958号公告—4—2007 4. SN/T 4817 5. SN/T 1924 6. SN/T 2624 7. DB22/T 1611 8. DB35/T 725	1. 农业部1025号公告—6—2008 适用范围：猪肉、猪肝、猪尿 2. SB/T 10776 适用范围：动物肌肉 3. KJ 201706 适用范围：猪肉、牛肉等动物肌肉组织 4. SN/T 4818 适用范围：进出口禽类的血液、畜类的血液及尿液 5. SN/T 3503 适用范围：动物性源食品、饲料、尿液

续表

序号	项目名称	法规依据	实验室检测方法	快速检测方法
16	利巴韦林	农业部公告第560号（2005年），已将利巴韦林列入《兽药地方标准废止目录》。不得生产、经营、使用该药物	1. SN/T 4519 2. DB36/T 1398 3. DB32/T 1165	—
17	洛硝哒唑	农业农村部第250号公告，已将洛硝哒唑列入《食品动物中禁止使用的药品及其他化合物清单》	1. GB/T 22982 2. GB/T 20744 3. GB/T 18932.26 4. GB/T 21318 5. GB/T 22949 6. GB/T 23406 7. GB/T 23407 8. GB/T 23410 9. SN/T 1626	—
18	氯丙嗪	1. 农业部公告第235号《动物性食品中兽药最高残留限量》规定禁止所有食品动物使用氯丙嗪，在动物所有可食组织中不得检出 2. 农业部公告第193号《食品动物禁用的兽药及其他化合物清单》规定禁止所有食品动物以任何用途使用氯丙嗪	1. GB 31656.4 2. GB/T 20763 3. GB/T 22993 4. 农业部1163号公告—8—2009	DB34/T 1373 适用范围：猪、牛、鸡肌肉和肝脏
19	氯霉素	1.《食品中可能违法添加的非食用物质和易滥用的食品添加剂名单（第四批）》（整顿办函〔2010〕50号）：氯霉素列为生食水产品可能违法添加的非食用物质 2.《食品中可能违法添加的非食用物质和易滥用的食品添加剂名单（第五批）》（整顿办函〔2011〕1号）：氯霉素可能违法添加的产品类别增加"肉制品、猪肠衣、蜂蜜" 3. 农业农村部公告第250号：氯霉素及其盐、酯列入《食品动物中禁止使用的药品及其他化合物清单》	1. GB 31658.2 2. GB 29688 3. GB/T 21165 4. GB/T 22959 5. GB/T 9695.32 6. GB/T 22338 7. GB/T 20756 8. GB/T 18932.20 9. GB/T 18932.19 10. NY/T 3409 11. SC/T 3018 12. SN/T 1864 13. SN/T 2063 14. T/JAASS 17 15. T/SDAA 018 16. T/KJFX 001 17. 农业部958号公告—14—2007 18. 农业部958号公告—13—2007 19. 农业部781号公告—10—2006 20. 农业部781号公告—2—2006 21. 农业部781号公告—1—2006	1. GB/T 18932.21 适用范围：蜂蜜 2. KJ 201905 适用范围：水产品 3. SN/T 2058 适用范围：蜂王浆及冻干粉 4. 农业部1025号公告—26—2008 适用范围：猪、鸡肌肉、肝脏、鱼、虾、肠衣、牛奶、禽蛋 5. T/ZNZ 030 适用范围：鱼、虾、蟹、龟鳖、贝类等水产品 6. T/MMAT 002 适用范围：罗非鱼 7. T/FSAS 7 适用范围：禽类产品及水产品 8. DB34/T 2254 适用范围：鱼、甲鱼、龟肌肉组织、虾、蟹去壳、肠腺 9. DB34/T 821 适用范围：肌肉、肝脏、肾脏

序号	项目名称	法规依据	实验室检测方法	快速检测方法
20	诺氟沙星	农业部公告第2292号，禁止在食品动物中使用诺氟沙星等4种原料药的各种盐、脂及其各种制剂	1. GB/T 21312 2. GB 29692 3. GB/T 20751 4. GB/T 20366 5. T/JAASS 17 6. T/SDAA 018 7. 农业部1077号公告—1—2008 8. 农业部783号公告—2—2006	1. KJ 201906 适用范围：生乳、巴氏杀菌乳、灭菌乳、猪肉、猪肝、猪肾 2. 农业部1077号公告—7—2008 适用范围：水产品 3. 农业部1025号公告—8—008 适用范围：猪肌肉、鸡肌肉、鸡肝脏、蜂蜜、鸡蛋、虾 4. T/ZNZ 029 适用范围：鱼、虾、蟹、龟鳖、贝类等水产品
21	培氟沙星	农业部公告第2292号，禁止在食品动物中使用培氟沙星等4种原料药的各种盐、脂及其各种制剂	1. GB/T 20366 2. GB/T 21312 3. 农业部1077号公告—1—2008	1. KJ 201906 适用范围：生乳、巴氏杀菌乳、灭菌乳、猪肉、猪肝、猪肾 2. T/ZNZ 029 适用范围：鱼、虾、蟹、龟鳖、贝类等水产品
22	沙丁胺醇	1. 农业部176号公告《禁止在饲料和动物饮用水中使用的药物品种目录》规定禁止在饲料和动物饮用水中使用沙丁胺醇 2. 农业部193号公告《食品动物禁用的兽药及其他化合物清单》规定禁止所有食品动物以任何用途使用沙丁胺醇 3.《食品中可能违法添加的非食用物质和易滥用的食品添加剂名单（第四批）》（整顿办函〔2010〕50号）将β-兴奋剂类药物（沙丁胺醇属于其中一种）列为食品中可能违法添加的非食用物质 4. 农业农村部公告第250号将β-兴奋剂类及其盐、酯（沙丁胺醇属于其中一种）列入《食品动物中禁止使用的药品及其他化合物清单》	1. GB/T 21313 2. BJS 201710 3. SN/T 4817 4. SN/T 1924 5. SN/T 2624	1. SB/T 10773 适用范围：动物肌肉 2. KJ 201706 适用范围：猪肉、牛肉等动物肌肉组织 3. SN/T 4818 适用范围：进出口禽类的血液、畜类的血液及尿液
23	特布他林	农业部公告第176号，将特布他林列入《禁止在饲料和动物饮用水中使用的药物品种目录》	1. GB/T 22286 2. GB/T 22950 3. 农业部1025号公告—18—2008 4. SN/T 1924	—
24	五氯酚钠	1. 农业农村部公告第250号，已将五氯酚钠（以五氯酚计）列入《食品动物中禁止使用的药品及其他化合物清单》 2. 农业部公告第193号《食品动物禁用的兽药及其他化合物清单》规定禁止所有食品动物以任何用途使用五氯酚钠	1. GB 29708 2. GB 23200.92	—

续表

序号	项目名称	法规依据	实验室检测方法	快速检测方法
25	硝基呋喃类	1. 农业部公告第193号《食品动物禁用的兽药及其他化合物清单》规定禁止所有食品动物以任何用途使用硝基呋喃类药物 2. 农业部公告第235号《动物性食品中兽药最高残留量》规定禁止所有食品动物使用呋喃它酮、呋喃唑酮、呋喃苯烯酸钠，在动物所有可食组织中不得检出 3. 农业农村部公告第250号将硝基呋喃类药物列入《食品动物中禁止使用的药品及其他化合物清单》	1. GB 31656.13 2. GB/T 21167 3. GB/T 21166 4. GB/T 21311 5. GB/T 20752 6. 农业部1077号公告—2—2008 7. 农业部781号公告—4—2006 8. SN/T 2061 9. DB34/T 1839 10. DB34/T 1838 11. DB22/T 1614	1. SB/T 10927 适用范围：动物组织 2. KJ 201705 适用范围：鱼肉、虾肉、蟹肉等水产品 3. SN/T 3380 适用范围：鸡肉、猪肉、小龙虾、回鱼、牛奶、蜂蜜等动物源食品 4. T/KJFX 001 适用范围：畜禽肉 5. DB34/T 2253 适用范围：鱼、甲鱼、龟肌肉组织、虾、蟹去壳、肠腺的可食用组织 6. SN/T 4541.1 适用范围：虾组织
26	氧氟沙星	农业部公告第2292号，禁止在食品动物中使用氧氟沙星等4种原料药的各种盐、脂及其各种制剂	1. GB 31656.3 2. GB/T 21312 3. GB/T 20366 4. GB/T 20751 5. T/SDAA 018 6. 农业部1077号公告—1—2008	1. KJ 201906 适用范围：生乳、巴氏杀菌乳、灭菌乳、猪肉、猪肝、猪肾 2. 农业部1025号公告—8—2008 适用范围：猪肌肉、鸡肌肉、鸡肝脏、蜂蜜、鸡蛋、虾 3. T/ZNZ 029 适用范围：鱼、虾、蟹、龟鳖、贝类等水产品

三、兽药残留类（限用类）

兽药残留类（限用类）检测指标见表7-3。

表7-3　兽药残留类（限用类）检测指标

序号	项目名称	实验室检测方法	快速检测方法	残留限量/（µg/kg）*	
1	阿莫西林	1. GB/T 22975 2. GB/T 20755 3. GB/T 21174 4. NY/T 830 5. 农业部781号公告—11—2006 6. 农业部958号公告—7—2007	—	所有食品动物（产蛋期禁用）	
				肌肉	50
				脂肪	50
				肝	50
				肾	50
				奶	4
				鱼	
				皮+肉	50
2	阿托品	1. BJS 201711 2. DB37/T 4048	—	所有食品动物	—

序号	项目名称	实验室检测方法	快速检测方法	残留限量/（μg/kg）*	
3	苯唑西林	1. GB 29682 2. GB/T 20755 3. GB/T 22975 4. 农业部781号公告—11—2006	—	所有食品动物（产蛋期禁用）	
				肌肉	300
				脂肪	300
				肝	300
				肾	300
				奶	30
				鱼	
				皮＋肉	300
4	地塞米松	1. GB/T 22978 2. GB/T 20741 3. 农业部958号公告—6—2007	—	牛/猪/马	
				肌肉	1.0
				肝	2.0
				肾	1.0
				牛	
				奶	0.3
5	多西环素 （强力霉素）	1. GB 31656.11 2. GB/T 21317 3. 农业部958号公告—2—2007	农业部1025号公告—20—2008 适用范围：牛、猪、鸡的肌肉、猪的肝脏、牛奶、带皮鱼肌肉组织	牛（泌乳期禁用）	
				肌肉	100
				脂肪	300
				肝	300
				肾	600
				猪	
				肌肉	100
				皮＋脂	300
				肝	300
				肾	600
				家禽（产蛋期禁用）	
				肌肉	100
				皮＋脂	300
				肝	300
				肾	600
				鱼	
				皮＋肉	100
6	地西泮	1. GB 29697 2. NY/T 3412 3. DB34/T 822	KJ 202105 适用范围：水产品	可食动物及组织	不得检出
7	地美硝唑	农业部1025号公告—2—2008	—	所有食品动物及可食组织	不得检出
8	噁喹酸	1. GB 29692 2. GB/T 20751 3. GB/T 23198 4. 农业部1077号公告—1—2008	农业部1025号公告—8—2008 适用范围：猪肌肉、鸡肌肉、鸡肝脏、蜂蜜、鸡蛋、虾	牛/猪/鸡（产蛋期禁用）	
				肌肉	100
				脂肪	50
				肝	150
				肾	150
				鱼	
				皮＋肉	100

续表

序号	项目名称	实验室检测方法	快速检测方法	残留限量/（μg/kg）*	
9	恩诺沙星	1. GB 31656.3 2. GB/T 22985 3. GB/T 21312 4. 农业部783号公告—2—2006 5. T/SDAA 018	1. KJ 201906 适用范围：生乳、巴氏杀菌乳、灭菌乳、猪肉、猪肝、猪肾 2. 农业部1077号公告—7—2008 适用范围：水产品 3. 农业部1025号公告—25—2008 适用范围：猪、鸡肌肉和肝脏、水产、蜂蜜 4. 农业部1025号公告—8—2008 适用范围：猪肌肉、鸡肌肉、鸡肝脏、蜂蜜、鸡蛋、虾 5. T/ZNZ 029 适用范围：鱼、虾、蟹、龟鳖、贝类等水产品 6. T/KJFX 002 适用范围：禽肉类 7. T/ZNZ 029 适用范围：鱼、虾、蟹、龟鳖、贝类等水产品	牛/羊 　肌肉 　脂肪 　肝 　肾 　奶 猪/兔 　肌肉 　脂肪 　肝 　肾 禽（产蛋鸡禁用） 　肌肉 　皮+脂 　肝 　肾 其他动物 　肌肉 　脂肪 　肝 　肾 鱼 　皮+肉	100 100 300 200 100 100 100 200 300 100 100 200 300 100 100 200 200 100
10	二氟沙星	1. GB 29692 2. GB/T 22985	1. KJ 201906 适用范围：生乳、巴氏杀菌乳、灭菌乳、猪肉、猪肝、猪肾 2. T/KJFX 002 适用范围：禽肉类	牛/羊（泌乳期禁用） 　肌肉 　脂肪 　肝 　肾 家禽（产蛋期禁用） 　肌肉 　皮+脂 　肝 　肾 猪 　肌肉 　脂肪 　肝 　肾 其他动物 　肌肉 　脂肪 　肝 　肾 鱼 　皮+肉	400 100 1400 800 300 400 1900 600 400 100 800 800 300 100 800 600 100

续表

序号	项目名称	实验室检测方法	快速检测方法	残留限量/（μg/kg）*	
11	氟苯尼考	1. GB 31658.5 2. GB/T 22959 3. GB/T 20756 4. SN/T 5114 5. SN/T 1865 6. T/JAASS 17 7. T/SDAA 018 8. DB34/T 1376	1. T/SATA 024 适用范围：禽蛋类 2. T/KJFX 002 适用范围：禽肉类	牛/羊（泌乳期禁用）	
				肌肉	200
				肝	3000
				肾	300
				猪	
				肌肉	300
				皮+脂	500
				肝	2000
				肾	500
				家禽（产蛋期禁用）	
				肌肉	100
				皮+脂	200
				肝	2500
				肾	750
				鱼	
				皮+肉	1000
				其他动物	
				肌肉	100
				脂肪	200
				肝	2000
				肾	300
12	氟甲喹	1. GB 29692 2. GB/T 20751 3. SN/T 1921 4. 农业部 1077 号公告—1—2008	农业部 1025 号公告—8—2008 适用范围：猪肌肉、鸡肌肉、鸡肝脏、蜂蜜、鸡蛋、虾	牛/羊/猪	
				肌肉	500
				脂肪	1000
				肝	500
				肾	3000
				牛/羊	
				奶	50
				鸡（产蛋期禁用）	
				肌肉	500
				皮+脂	1000
				肝	500
				肾	3000
				鱼	
				皮+肉	500
13	红霉素	1. GB 31660.1 2. GB 29684 3. GB/T 22964 4. GB/T 22988 5. GB/T 22941 6. GB/T 18932.8 7. GB/T 20762 8. T/SDAA 018	—	鸡/火鸡	
				肌肉	100
				脂肪	100
				肝	100
				肾	100
				鸡	
				蛋	50
				其他动物	
				肌肉	200
				脂肪	200
				肝	200
				肾	200

续表

序号	项目名称	实验室检测方法	快速检测方法	残留限量/（μg/kg）*	
13	红霉素	1. GB 31660.1 2. GB 29684 3. GB/T 22964 4. GB/T 22988 5. GB/T 22941 6. GB/T 18932.8 7. GB/T 20762 8. T/SDAA 018	—	奶 蛋 鱼 　皮＋肉	40 150 200
14	磺胺类	1. GB 29694 2. GB/T 22966 3. 农业部1077号公告—1—2008 4. 农业部958号公告—12—2007 5. 农业部1025号公告—23—2008 6. GB/T 22951 7. GB/T 21316 8. 农业部781号公告—12—2006 9. GB/T 20759 10. SN/T 5140 11. SN/T 4816 12. SN/T 4057 13. DB12/T 987 14. T/JZNX 006 15. T/JZNX 002 16. T/SATA 0003 17. DB34/T 1034	1. 农业部1025号公告—7—2008适用范围：猪肌肉、猪肝脏、鸡肝脏、鸡肌肉、鸡蛋 2. GB/T 21173 适用范围：肉类、水产品 3. SB/T 10924 适用范围：动物组织 4. SN/T 4922 适用范围：进出口食用动物 5. SN/T 4808 适用范围：禽类 6. SN/T 1960 适用范围：猪肉、鸡肉、猪肝、鸡蛋、鱼、牛奶 7. SN/T 1765 适用范围：牛、猪、家禽、鱼虾 8. DB34/T 3649 适用范围：水产品 9. T/KJFX 001 适用范围：畜禽肉中	所有食品动物（产蛋期禁用） 　肌肉 　脂肪 　肝 　肾 牛/羊 　奶 鱼 　皮＋肉	 100 100 100 100 100（除磺胺二甲嘧啶） 100
15	甲砜霉素	1. GB 29689 2. GB/T 22959 3. GB/T 20756 4. 农业部958号公告—14—2007 5. 农业部958号公告—13—2007 6. SN/T 5114 7. SN/T 1865 8. T/JAASS 17 9. T/SDAA 018	T/KJFX 002 适用范围：畜禽肉	牛/羊/猪 　肌肉 　脂肪 　肝 　肾 牛 　奶 家禽（产蛋期禁用） 　肌肉 　皮＋脂 　肝 　肾 鱼 　皮＋肉	 50 50 50 50 50 50 50 50 50 50

续表

序号	项目名称	实验室检测方法	快速检测方法	残留限量/（μg/kg）*	
16	甲氧苄啶	1. GB 29702 2. GB/T 21316	—	牛	
				肌肉	50
				脂肪	50
				肝	50
				肾	50
				奶	50
				猪/家禽（蛋鸡产蛋期禁用）	
				肌肉	50
				皮＋脂	50
				肝	50
				肾	50
				马	
				肌肉	100
				脂肪	100
				肝	100
				肾	100
				鱼	
				皮＋肉	50
17	甲硝唑	1. 农业部1025号公告—2—2008 2. NY/T 1158 3. SN/T 1626 4. SN/T 4809 5. GB/T 22982 6. GB/T 20744	—	可食动物及组织	不得检出
18	金霉素 土霉素 四环素	1. GB 31656.11 2. GB/T 18932.4 3. GB/T 18932.23 4. GB/T 5009.116 5. GB/T 20444 6. GB/T 20764 7. GB/T 21317 8. GB/T 22990 9. GB/T 23409 10. 农业部1025号公告—12—2008 11. 农业部958号公告—2—2007 12. T/SDAA 018	1. GB/T 18932.28 适用范围：蜂蜜 2. 农业部1025号公告—20—2008 适用范围：牛、猪、鸡的肌肉、猪的肝脏、牛奶、带皮鱼肌肉组织 3. T/KJFX 002 适用范围：禽肉类	牛/羊/猪/家禽	
				肌肉	200
				肝	600
				肾	1200
				牛/羊	
				奶	100
				家禽	
				蛋	400
				鱼	
				皮＋肉	200
				虾	
				肌肉	200
19	氯丙嗪	1. GB 31656.4 2. GB/T 20763 3. 农业部1163号公告—8—2009	—	可食动物及组织	不得检出
20	喹乙醇	1. GB/T 20746 2. GB/T 20797 3. SC/T 3019	—	猪	
				肌肉	4
				肝	50

续表

序号	项目名称	实验室检测方法	快速检测方法	残留限量 /（μg/kg）*	
21	林可霉素	1. GB 29685	—	牛/羊	
		2. GB/T 22964		肌肉	100
		3. GB/T 2076		脂肪	50
		4. 农业部1163号公告—2—2009		肝	500
				肾	1500
		5. SN/T 2218		奶	150
				鸡	
				蛋	50
				猪	
				肌肉	200
				脂肪	100
				肝	500
				肾	1500
				家禽	
				肌肉	200
				脂肪	100
				肝	500
				肾	500
				鱼	
				皮＋肉	100
22	尼卡巴嗪	1. GB 29691	—	鸡	
		2. GB 29690		肌肉	200
		3. SN/T 0216		皮＋脂	200
				肝	200
				肾	200
23	青霉素	1. GB/T 21315	DB32/T 714 适用范围：牛乳	牛/猪/家禽（产蛋期禁用）	
		2. GB/T 20755		肌肉	50
		3. GB/T 4789.27		肝	50
				肾	50
				牛奶	4
				鱼	
				皮＋肉	50
24	庆大霉素	1. GB/T 21323	GB/T 21329 适用范围：肉类、内脏、水产品、牛奶、奶粉	牛/猪	
		2. GB/T 4789.27		肌肉	100
		3. 农业部1025号公告—1—2008		脂肪	100
				肝	2000
		4. 农业部1163号公告—7—2009		肾	5000
				牛	
		5. SN/T 0669		奶	200
				鸡/火鸡	
				可食组织	100
25	去甲肾上腺素	1. SN/T 5170	—	马、牛、猪、羊	—
		2. BJS 202109			

序号	项目名称	实验室检测方法	快速检测方法	残留限量/（µg/kg）*	
26	沙拉沙星	1. GB/T 22985 2. GB/T 21312 3. T/SDAA 018	1. KJ 201906 适用范围：生乳、巴氏杀菌乳、灭菌乳、猪肉、猪肝、猪肾 2. KJFX 002 适用范围：禽肉类	鸡/火鸡（产蛋期禁用）	
				肌肉	10
				脂肪	20
				肝	80
				肾	80
				鱼	
				肌肉＋皮	30
27	肾上腺素	1. SN/T 5170 2. BJS 202109	—	马、牛、猪、羊	—
28	替米考星	1. GB 31660.1 2. GB/T 22964 3. GB/T 22941 4. GB/T 22946 5. GB/T 20762 6. GB/T 23408 7. 农业部958号公告—1—2007 8. 农业部1025号公告—10—2008 9. T/JAASS 17 10. T/SDAA 018 11. DB34/T 3991	—	牛/羊	
				肌肉	100
				脂肪	100
				肝	1000
				肾	300
				奶	50
				猪	
				肌肉	100
				脂肪	100
				肝	1500
				肾	1000
				鸡（产蛋期禁用）	
				肌肉	150
				皮＋脂	250
				肝	2400
				肾	600
				火鸡	
				肌肉	100
				皮＋脂	250
				肝	1400
				肾	1200
29	头孢氨苄	1. GB/T 22942 2. GB/T 22960 3. GB/T 22989 4. SN/T 1988	—	牛	
				肌肉	200
				脂肪	200
				肝	200
				肾	1000
				奶	100

*残留限量值依据标准：《食品安全国家标准　食品中兽药最大残留限量》（GB 31650—2019）。

四、真菌毒素类

真菌毒素类检测指标见表7-4。

表7-4 真菌毒素类检测指标

序号	项目名称	实验室检测方法	快速检测方法	限量/（μg/kg）*	
1	黄曲霉毒素B₁	1.GB 5009.22 2.LS/T 6128 3.LS/T 6108 4.LS/T 6122 5.SN/T 3136 6.SN/T 3263 7.T/CIMA 0011 8.T/CAQI 239	1. KJ 201708 适用范围：花生油、玉米油、大豆油及其他植物油脂 2. LS/T 6108 适用范围：大米、糙米、玉米等谷物 3. LS/T 6111 适用范围：小麦、大米、玉米等粮食及其制品 4. NY/T 3867适用范围：花生、大米、玉米、小麦、大豆	玉米、玉米面（渣、片）及玉米制品	20
				花生及其制品	20
				花生油、玉米油	20
				稻谷、糙米、大米	10
				植物油脂（花生油、玉米油除外）	10
				小麦、大麦、其他谷物	5.0
				小麦粉、麦片、其他去壳谷物，发酵豆制品	5.0
				其他熟制坚果及籽类	5.0
2	黄曲霉毒素M₁	1.GB 5009.24 2.T/CAQI 240	1. KJ 201709适用范围：生鲜乳、巴氏杀菌乳、灭菌乳 2. NY/T 1664 适用范围：生牛乳、巴氏杀菌乳、UHT灭菌乳和乳粉	乳及乳制品	0.5
3	脱氧雪腐镰刀菌烯醇（又称"呕吐毒素"）	1.GB 5009.111 2.LS/T 6127 3.SN/T 3136 4.SN/T 3137	1. KJ 201702 适用范围：谷物加工品及谷物碾磨加工品 2. LS/T 6113 适用范围：粮食及其制品 3. LS/T 6110 适用范围：小麦和玉米等谷物	玉米、玉米面（渣、片） 小麦、大麦、小麦粉、麦片	1000 1000
4	玉米赤霉烯酮菌烯醇	1.GB 5009.229 2.GB/T 21982 3.LS/T 6129	1. KJ 201913 适用范围：玉米、小麦及其碾磨加工品 2. SN/T 4143 适用范围：动物及其制品（牛、猪、兔等内部组织与肌肉组织），乳粉和动物尿液 3. LS/T 6109 适用范围：小麦和玉米等谷物 4. LS/T 6112适用范围：小麦、玉米、大米等粮食	小麦、小麦粉 玉米、玉米面（渣、片）	60 60
5	展青霉素	GB 5009.185	—	水果制品（果丹皮除外）、果蔬汁类及其饮料、酒类	50
6	赭曲霉毒素A	1.GB 5009.96 2.LS/T 6114 3.LS/T 6126 4.SN/T 3136 5.SN/T 4675.10 6.DB50/T 952 7.GH/T 1108	1. KJ 202101适用范围：谷物（除燕麦外）、葡萄酒、烘焙咖啡豆、研磨咖啡（烘焙咖啡）和速溶咖啡 2. LS/T 6114适用范围：小麦、玉米、燕麦等粮食及其制品	谷物、谷物碾磨加工品 豆类 烘焙咖啡豆 研磨咖啡（烘焙咖啡） 葡萄酒 速溶咖啡	5.0 5.0 5.0 5.0 2.0 10.0

*限量值依据标准：《食品安全国家标准　食品中真菌毒素限量》（GB 2761—2017）。

五、污染物类

污染物类检测指标见表7-5。

表7-5 污染物类检测指标

序号	项目名称	实验室检测方法	快速检测方法	限量/（mg/kg）*	
1	N-二甲基亚硝胺	1.GB 5009.26 2.T/SAWP 0001	—	肉制品（肉类罐头除外）、熟肉干制品	3.0
				水产制品（水产品罐头除外）、干制水产品	4.0
2	苯并（a）芘	GB 5009.27	KJ 201910适用范围：食用油	谷物及其制品	
				稻谷、糙米、大米、小麦、小麦粉、玉米、玉米面（渣、片）	5.0
				肉制品	
				熏、烧、烤肉	5.0
				水产动物及其制品	
				熏、烤水产品	5.0
				油脂及其制品	10
3	多氯联苯	GB 5009.190	—	水产动物及其制品	0.5
4	镉	1.GB 5009.15 2.NY 659 3.NY 861 4.LS/T 6136 5.LS/T 6125 6.LS/T 6115 7.LS/T 6134 8.T/NAIA 020	1. LS/T 6125适用于稻米 2. LS/T 6115适用于稻谷及其制品 3. LS/T 6134适用于小麦、玉米、稻谷等谷物原粮及碾磨制品 4. T/CAIA/SH 014—2021适用于稻米、小麦、玉米、大豆等粮食样品	谷物（稻谷ª除外）	0.1
				谷物碾磨加工品（糙米、大米除外）	0.1
				稻谷ª、糙米、大米	0.2
				豆类	0.2
				花生	0.5
5	铬	1.GB 5009.123 2.GB/T 35871 3.NY 659 4.NY 861	—	谷物ª	1.0
				谷物碾磨加工品	1.0
				豆类	1.0
				肉及肉制品	1.0
				新鲜蔬菜	0.5
				水产动物及其制品	2.0
6	汞	1.GB 5009.17 2.NY 659 3.NY 861	—	稻谷、糙米、大米、玉米、玉米面（渣、片）、小麦、小麦粉	0.02
				肉类	0.05
				食用菌及其制品	0.1
7	铅	1.GB 5009.12 2.NY 861 3.LS/T 6136 4.SN/T 0448 5.DBS 52/ 020 6.SN/T 4675.19 7.LS/T 6135	1. LS/T 6136适用于大米中锰、铜、锌、钠、锶、镉、铅 2. LS/T 6135适用于小麦、玉米、稻谷等谷物原粮及碾磨制品	谷物及其制品［麦片、面筋、八宝粥罐头、带馅（料）面米制品除外］	0.2
				麦片、面筋、八宝粥罐头、带馅（料）面米制品	0.5
				蔬菜及其制品	
				新鲜蔬菜（芸薹类蔬菜、叶类蔬菜、豆类蔬菜、薯类除外）	0.1
				芸薹类蔬菜、叶类蔬菜	0.3
				豆类蔬菜、薯类	0.2
				蔬菜制品	1.0

续表

序号	项目名称	实验室检测方法	快速检测方法	限量 /（mg/kg）*	
7	铅	1.GB 5009.12 2.NY 861 3.LS/T 6136 4.SN/T 0448 5.DBS 52/ 020 6.SN/T 4675.19 7.LS/T 6135	1. LS/T 6136适用于大米中锰、铜、锌、铷、锶、镉、铅 2. LS/T 6135适用于小麦、玉米、稻谷等谷物原粮及碾磨制品	水果及其制品		
				新鲜水果（浆果和其他小粒水果除外）	0.1
				浆果和其他小粒水果	0.2
				水果制品	1.0
				食用菌及其制品	1.0
				豆类及其制品	
				豆类	0.2
				豆类制品（豆浆除外）	0.5
				豆浆	0.05
8	砷	1.GB 5009.11 2.GB/T 23372 3.NY 659 4.NY 861 5.NY/T 1099	—	谷物（稻谷[a] 除外）	0.5
				谷物碾磨加工品（糙米、大米除外）	0.5
				新鲜蔬菜	0.5
				食用菌及其制品	0.5
				肉及肉制品	0.5
				油脂及其制品	0.1
				生乳、巴氏杀菌乳、灭菌乳、调制乳、发酵乳	0.1
				乳粉	0.5
9	3- 氯 -1,2- 丙二醇	GB 5009.191	—	液态调味品	0.4
				固态调味品	1.0
10	亚硝酸盐 （以亚硝酸 钠计）	1.GB 5009.33 2.QB/T 5013 3.SN/T 5120 4.KJ 201704	KJ 201704适用范围：肉及肉制品（餐饮食品）	腌渍蔬菜	20
				生乳	0.4
				乳粉	2.0

＊限量值依据标准：《食品安全国家标准　食品中污染物限量》（GB 2762—2017）。
[a] 稻谷以糙米计。

六、食品添加剂类

食品添加剂类检测指标见表 7-6。

表 7-6　食品添加剂类检测指标

序号	项目名称	实验室检测方法	快速检测方法	残留量 / 最大使用量 /（g/kg）*	
1	阿斯巴甜	1. GB 5009.263 2. GB 1886.47	—	调制乳	0.6
				风味发酵乳	1.0
				调制乳粉和调制奶油粉	2.0
				稀奶油（淡奶油）及其类似品（稀奶油除外）	1.0
				以乳为主要配料的即食风味食品或其预制产品（不包括冰淇淋和风味发酵乳）	1.0
				脂肪类甜品	1.0
				冷冻水果	2.0
				水果干类	2.0
				醋、油或盐渍水果	0.3
				水果罐头	1.0
				果酱	1.0
				果泥	1.0

续表

序号	项目名称	实验室检测方法	快速检测方法	残留量/最大使用量/(g/kg)*	
1	阿斯巴甜	1. GB 5009.263 2. GB 1886.47	—	蜜饯凉果	2.0
				装饰性果蔬	1.0
				水果甜品，包括果味液体甜品	1.0
				发酵的水果制品	1.0
				煮熟的或油炸的水果	1.0
				冷冻蔬菜	1.0
				干制蔬菜	1.0
				腌渍的蔬菜	0.3
2	安赛蜜	1. GB/T 5009.140 2. SN/T 3538	—	风味发酵乳	0.35
				冷冻饮品（食用冰除外）	0.3
				水果罐头	0.3
				果酱	0.3
				蜜饯类	0.3
				腌渍的蔬菜	0.3
				熟制坚果与籽类	3.0
				焙烤食品	0.3
				调味品	0.5
				饮料类（包装饮用水除外）	0.3
3	苯甲酸	1.GB 5009.28 2.GB 1886.183 3.SN/T 1303 4.SN/T 4262	—	风味冰、冰棍类	1.0
				果酱（罐头除外）	1.0
				腌渍的蔬菜	1.0
				醋	1.0
				酱油	1.0
				复合调味料	0.6
				半固体复合调味料	1.0
				果蔬汁（浆）类饮料	1.0
				配制酒	0.4
				果酒	0.8
4	丙二醇	1.GB 5009.251 2.SN/T 5112	—	生湿面制品	1.5
				糕点	3.0
5	丙酸及其 钠盐、 钙盐	GB 5009.120	—	豆类制品	2.5
				原粮	1.8
				生湿面制品	0.25
				面包	2.5
				糕点	2.5
				醋	2.5
				酱油	2.5
6	丁基羟基 苯甲醚 （BHA）	1.GB/T 5009.30 2.NY/T 1602	—	脂肪，油和乳化脂肪制品	0.2
				基本不含水的脂肪和油	0.2
				熟制坚果和籽类（仅限油炸坚果与籽类）	0.2
				坚果与籽类罐头	0.2
				胶基糖果	0.4
				油炸面制品	0.2
				杂粮粉	0.2
				即食谷物，包括碾轧燕麦（片）	0.2
				方便米面制品	0.2
				饼干	0.2
				腌腊肉制品	0.2
				风干、烘干、压干等水产品	0.2
				固体复合调味料（仅限鸡肉粉）	0.2
				膨化食品	0.2

续表

序号	项目名称	实验室检测方法	快速检测方法	残留量/最大使用量/(g/kg)*	
7	对羟基苯甲酸酯类及其钠盐	GB 5009.31	—	经表面处理的鲜水果	0.012
				果酱（罐头除外）	0.25
				经表面处理的新鲜蔬菜	0.012
				焙烤食品馅料及表面用挂浆（仅限糕点馅）	0.5
				热凝固蛋制品	0.2
				醋	0.25
				酱油	0.25
				酱及酱制品	0.25
				蚝油、虾油、鱼露	0.25
				果蔬汁（浆）类饮料	0.25
				碳酸饮料	0.2
				风味饮料（仅限果味饮料）	0.25
8	二丁基羟基甲苯（BHT）	1.GB/T 5009.30 2.NY/T 1602	—	脂肪，油和乳化脂肪制品	0.2
				基本不含水的脂肪和油	0.2
				干制蔬菜（仅限脱水马铃薯粉）	0.2
				熟制坚果和籽类（仅限油炸坚果与籽类）	0.2
				坚果与籽类罐头	0.2
				胶基糖果	0.2
				油炸面制品	0.2
				即食谷物，包括碾轧燕麦（片）	0.2
				方便米面制品	0.2
				饼干	0.2
				腌腊肉制品	0.2
				风干、烘干、压干等水产品	0.2
				膨化食品	0.2
9	二氧化硫	GB 5009.34	—	水果干类	0.1
				蜜饯凉果	0.35
				干制蔬菜	0.2
				腌渍的蔬菜	0.1
				腐竹类（包括腐竹、油皮等）	0.2
				坚果与籽类罐头	0.05
				生湿面制品（如面条、饺子皮、馄饨皮、烧麦皮）（仅限拉面）	0.05
				食用淀粉	0.03
				半固体复合调味料	0.05
				果蔬汁（浆）	0.05
				葡萄酒	0.25
10	环己基氨基磺酸钠（甜蜜素）	1.GB 5009.97 2.SN/T 1498	—	冷冻饮品	0.65
				水果罐头	0.65
				果酱	1.0
				蜜饯凉果	1.0
				凉果类	8.0
				话化类	8.0
				果糕类	8.0
				腌渍的蔬菜	1.0
				熟制豆类	1.0

续表

序号	项目名称	实验室检测方法	快速检测方法	残留量/最大使用量/(g/kg)*	
10	环己基氨基磺酸钠（甜蜜素）	1.GB 5009.97 2.SN/T 1498	—	腐乳类	0.65
				带壳熟制坚果与籽类	6.0
				脱壳熟制坚果与籽类	1.2
				面包	1.6
				糕点	0.65
				饼干	0.65
				复合调味料	0.65
				饮料类	0.65
				配制酒	0.65
				果冻	0.65
11	咖啡因	1.GB 5009.139 2.SN/T 0744	—	可乐型碳酸饮料	0.15
12	铝	1. GB 5009.182 2. GB 5009.268 3. GB 8538	KJ 202104适用范围：油条、油饼、麻花、馓子等油炸面制品	豆类制品	0.1
				面糊、裹粉、煎炸粉	0.1
				油炸面制品	0.1
				虾味片	0.1
				焙烤食品	0.5
				腌制水产品（仅限海蜇）	0.2
13	没食子酸丙酯（PG）	GB/T 5009.32	—	脂肪，油和乳化脂肪制品	0.1
				基本不含水的脂肪和油	0.1
				熟制坚果和籽类（仅限油炸坚果与籽类）	0.1
				坚果与籽类罐头	0.1
				胶基糖果	0.4
				油炸面制品	0.1
				方便米面制品	0.1
				饼干	0.1
				腌腊肉制品	0.1
				风干、烘干、压干等水产品	0.1
				固体复合调味料（仅限鸡肉粉）	0.1
				膨化食品	0.1
14	纽甜	1. GB 5009.247 2. GB 29944	—	调制乳	0.02
				风味发酵乳	0.1
				调制乳粉和调制奶油粉	0.065
				稀奶油（淡奶油）及其类似品（稀奶油除外）	0.033
				干酪类似品	0.033
				以乳为主要配料的即食风味食品或其预制产品（不包括冰淇淋和风味发酵乳）	0.1
				水油状脂肪乳化制品类以外的脂肪乳化制品，包括混合的和（或）调味的脂肪乳化制品	0.01
				脂肪类甜品	0.1
				冷冻饮品（食用冰除外）	0.1
				冷冻水果	0.1
				水果干类	0.1
				醋、油或盐渍水果	0.1
				水果罐头	0.033
				果酱	0.07

续表

序号	项目名称	实验室检测方法	快速检测方法	残留量/最大使用量/(g/kg)*	
14	纽甜	1. GB 5009.247 2. GB 29944	—	果泥	0.07
				蜜饯凉果	0.065
				装饰性果蔬	0.1
				水果甜品，包括果味液体甜品	0.1
				发酵的水果制品	0.065
				煮熟的或油炸的水果	0.065
				加工蔬菜	0.033
15	纳他霉素	1.GB/T 21915 2.SN/T 2655 3.SN/T 4675.14	—	干酪和再制干酪及其类似品	0.3
				糕点	0.3
				酱卤肉制品类	0.3
				熏、烧、烤肉类	0.3
				油炸肉类	0.3
				西式火腿	0.3
				肉灌肠类	0.3
				发酵肉制品类	0.3
				蛋黄酱、沙拉酱	0.02
				果蔬汁（浆）	0.3
				发酵酒	0.01
16	山梨酸	1. GB 5009.28 2. GB 1886.186 3. SN/T 1303 4. SN/T 4262	—	氢化植物油	1.0
				人造黄油（人造奶油）及其类似制品（如黄油和人造黄油混合品）	1.0
				风味冰、冰棍类	0.5
				果酱	1.0
				蜜饯凉果	0.5
				腌渍的蔬菜	1.0
				加工食用菌和藻类	0.5
				豆干再制品	1.0
				方便米面制品（仅限米面灌肠制品）	1.5
				糕点	1.0
				面包	1.0
				熟肉制品	0.075
				熟制水产品（可直接食用）	1.0
				醋	1.0
				饮料类（包装饮用水除外）	0.5
				配制酒	0.4
17	糖精钠	1. GB 5009.28 2. GB 1886.18	—	冷冻饮品（食用冰除外）	0.15
				水果干类（仅限杧果干、无花果干）	5.0
				果酱	0.2
				蜜饯凉果	1.0
				话化类	5.0
				腌渍的蔬菜	0.15
				熟制豆类	1.0
				脱壳熟制坚果与籽类	1.0
				复合调味料	0.15
				配制酒	0.15

续表

序号	项目名称	实验室检测方法	快速检测方法	残留量/最大使用量/（g/kg）*	
18	脱氢乙酸	1.GB 5009.121 2.GB 29223 3.GB/T 23377	—	腌渍的蔬菜	1.0
				发酵豆制品	0.3
				淀粉制品	1.0
				糕点	0.5
				熟肉制品	0.5
				复合调味料	0.5
				果蔬汁（浆）	0.3
19	特丁基对苯二酚（TBHQ）	1.GB/T 5009.30 2.NY/T 1602	—	脂肪、油和乳化脂肪制品	0.2
				基本不含水的脂肪和油	0.2
				熟制坚果和籽类	0.2
				坚果与籽类罐头	0.2
				油炸面制品	0.2
				方便米面制品	0.2
				月饼	0.2
				饼干	0.2
				焙烤食品馅料及表面用挂浆	0.2
				腌腊肉制品	0.2
				风干、烘干、压干等水产品	0.2
				固体复合调味料（仅限鸡肉粉）	0.2
				膨化食品	0.2
20	亚硝酸钠	GB 5009.33 SN/T 5120	KJ 201704	腌腊肉制品	0.15
				酱卤肉制品	0.15
				熏、烧、烤肉类	0.15
				油炸肉类	0.15
				西式火腿	0.15
				肉灌肠类	0.15
				发酵肉制品	0.15
				肉罐头类	0.15
21	叶黄素	GB 5009.248	—	以乳为主要配料的即食风味食品或其预制产品（不包括冰淇淋和风味发酵乳）	0.05
				冷冻饮品	0.1
				果酱	0.05
				糖果	0.15
				杂粮罐头	0.05
22	乙二胺四乙酸二钠	1.GB 5009.287 2.SN/T 3855	—	果酱	0.07
				果脯类（仅限地瓜果脯）	0.25
				腌制的蔬菜	0.25
				蔬菜罐头	0.25
				蔬菜泥（酱），番茄沙司除外	0.07
				坚果与籽类罐头	0.25
				杂粮罐头	0.25
				复合调味料	0.075
				饮料类	0.03

*限量值依据标准：《食品安全国家标准　食品添加剂使用标准》（GB 2760—2014）。

七、理化和品质类

理化和品质类检测指标见表7-7。

表7-7　理化和品质类检测指标

序号	项目名称	实验室检测方法	快速检测方法	残留量/最大使用量		限量值依据
1	过氧化值	1. GB 5009.227 2. GB 19300 3. LS/T 6106	KJ 201911 适用范围：常温下为液态的食用植物油、食用植物调和油和食品煎炸过程中的各种食用植物油	食用植物油	≤0.25 g/100 g	GB 2716—2018
				食用动物油脂	≤0.20 g/100 g	GB 10146—2015
				食用油脂制品（除食用氢化油外）	≤0.13 g/100 g	GB 15196—2015
				食用氢化油	≤0.10 g/100 g	GB 15196—2015
				坚果与籽类的泥（酱）	≤0.25 g/100 g	LS/T 3220—2017 QB/T 1733.4—2015
				火腿、腊肉、咸肉、香（腊）肠	≤0.5 g/100 g	GB 2730—2015
				腌腊禽制品	≤1.5 g/100 g	GB 2730—2015
				生干籽类	≤0.40 g/100 g	GB 19300—2014
				生干坚果	≤0.08 g/100 g	GB 19300—2014
				油炸面	≤0.25 g/100 g	GB 17400—2015
				饼干	≤0.25 g/100 g	GB 7100—2015
				水饺、元宵、馄饨等生制品	≤0.25 g/100 g	GB 19295—2011
				包子、馒头等熟制品	≤0.25 g/100 g	GB 19295—2011
				膨化食品	≤0.25 g/100 g	GB 17401—2014
				干制薯类	≤0.25 g/100 g	QB/T 2686—2005
				糕点	≤0.25 g/100 g	GB 7099—2015
				月饼	≤0.25 g/100 g	GB 7099—2015
2	甲醇	1. GB 5009.266 2. GB 29218	KJ 201912 适用范围：白酒	蒸馏酒及其配制酒（以粮谷类为主要原料）	≤0.6 g/L（以100%vol酒精度计）	GB 2757—2012
				蒸馏酒及其配制酒（其他原料）	≤2.0 g/L（以100%vol酒精度计）	GB 2757—2012
3	溶解性总固体	1. GB 8538 2. DB22/T 416 3. T/QAS 030	NY/T 2659适用范围：牛乳	饮用天然矿泉水	≥1000 mg/L	GB 8537—2018
4	水分	1. GB 5009.3 2. GB/T 10362 3. GB/T 26626 4. GB/T 24900	LS/T 3705 适用范围：粮食	油炸面	≤10.0 g/100 g	GB 17400—2015
				非油炸面	≤14.0 g/100 g	GB 17400—2015
				膨化食品	≤7 g/100 g	GB 17401—2014
				婴幼儿谷物辅助食品	≤6.0%	GB 10769—2010
				婴幼儿高蛋白谷物辅助食品	≤6.0%	GB 10769—2010
				婴幼儿生制类谷物辅助食品	≤13.5%	GB 10769—2010
				婴幼儿饼干	≤6.0%	GB 10769—2010
				粉状特殊医学用途婴儿配方食品	≤5.0%	GB 25596—2010
				粉状婴儿配方食品	≤5.0%	GB 10765—2010
				粉状较大婴儿和幼儿配方食品	≤5.0%	GB 10767—2010

序号	项目名称	实验室检测方法	快速检测方法	残留量/最大使用量		限量值依据
5	锶	1. GB 8538 2. GB 14883.3 3. GB/T 35871 4. T/QAS 041 5. T/QAS 047	LS/T 6136 适用范围：大米	饮用天然矿泉水	≥0.20（含量在0.20～0.40 mg/L时，水源水温应在25℃以上）	GB 8537—2018
6	酸价/酸值	1. GB 5009.229 2. GB/T 5510 3. LS/T 6107	KJ 201911适用范围：常温下为液态的食用植物油、食用植物调和油和食品煎炸过程中的各种食用植物油	食用植物油	≤3 mg/g	GB 2716—2018
				坚果与籽类的泥（酱）	≤3.0 mg/g	LS/T 3220—2017
				生干籽类	≤3 mg/g	GB 19300—2014
				生干坚果	≤3 mg/g	GB 19300—2014
				油炸面	≤1.8 mg/g	GB 17400—2015
				饼干	≤5 mg/g	GB 7100—2015
				膨化食品	≤5 mg/g	GB 17401—2014
				干制薯类	≤3.0 mg/g	QB/T 2686—2005
				糕点	≤5 mg/g	GB 7099—2015
				月饼	≤5 mg/g	GB 7099—2015
7	铜	1. GB 5009.13 2. GB/T 35871 3. GB/T 30376 4. DB 45/T 1546 5. SN/T 4675.19 6. SN/T 5104 7. NY 861	LS/T 6136适用范围：大米	运动营养食品	0.3～1.5 mg/d	GB 24154—2015
				特殊医学用途婴儿配方食品	8.5～29.0 μg/100 kJ	GB 25596—2010
				特殊医学用途配方食品（1～10岁）	7～35 μg/100 kJ	GB 29922—2013
				特殊医学用途配方食品（10岁以上）	11～120 μg/100 kJ	GB 29922—2013
				婴儿配方食品	8.5～29.0 μg/100 kJ	GB 10765—2010
				较大婴儿和幼儿配方食品	7～35 μg/100 kJ	GB 10767—2010
8	锌	1. GB 5009.14 2. GB/T 35871 3. GB/T 30376 4. NY 861 5. SN/T 4675.19 6. SN/T 5104	LS/T 6136适用范围：大米	婴幼儿谷物辅助食品	0.17～0.46 mg/100 kJ	GB 10769—2010
				婴幼儿高蛋白谷物辅助食品	0.17～0.46 mg/100 kJ	GB 10769—2010
				婴幼儿生制类谷物辅助食品	0.17～0.46 mg/100 kJ	GB 10769—2010
				运动营养食品	1.7～12 mg/d	GB 24154—2015
				特殊医学用途婴儿配方食品	0.12～0.36 mg/100 kJ	GB 25596—2010
				特殊医学用途配方食品（1～10岁）	0.1～0.4 mg/100 kJ	GB 29922—2013
				特殊医学用途配方食品（10岁以上）	0.1～0.5 mg/100 kJ	GB 29922—2013
				婴儿配方食品	0.12～0.36 mg/100 kJ	GB 10765—2010
				较大婴儿和幼儿配方食品	0.1～0.3 mg/100 kJ	GB 10767—2010
9	总酸	1.GB/T 5009.41 2.GB 12456 3.ZB X 66037	NY/T 1841适用范围：中、晚熟苹果品种	食醋	≤3.5 g/100 mL	GB 2719—2018
				其他液体调味料	—	—

续表

序号	项目名称	实验室检测方法	快速检测方法	残留量/最大使用量		限量值依据
10	组胺	1. GB/T 5009.208 2. DB22/T 1833	KJ 202102 适用 范围：水产品 （鱼类等）	水产动物类罐头	≤ 100 mg/100 g	GB 7098—2015
				盐渍鱼	≤ 40 mg/100 g （高组胺鱼类＊）	GB 10136—2015
					≤ 20 mg/100 g （不含高组胺鱼类）	GB 10136—2015
				海水鱼	≤ 40 mg/100 g （高组胺鱼类＊）	GB 2733—2015
					≤ 20 mg/100 g （其他海水鱼类）	GB 2733—2015

＊高组胺鱼类：指鲹鱼、鲐鱼、竹荚鱼、鲭鱼、鲣鱼、金枪鱼、秋刀鱼、马鲛鱼、青古鱼、沙丁鱼等青皮红肉海水鱼。

八、非食用物质和非法添加物

非食用物质和非法添加物检测指标见表7-8。

表7-8　非食用物质和非法添加物检测指标

序号	项目名称	实验室检测方法	快速检测方法	限量		限量值依据
1	巴比妥	1. 原国家食品药品监督管理局药品检验补充检验方法和检验项目批准件 2012004、2009024、2013002 2. SN/T 2217	KJ 201903 适用范围：硬胶囊、软胶囊、丸剂、片剂、散剂及口服液等保健食品	保健食品	不得检出	原国家食品药品监督管理局药品检验补充检验方法和检验项目批准件 2012004、2009024、2013002
2	苯巴比妥	原国家食品药品监督管理局药品检验补充检验方法和检验项目批准件 2012004、2009024、2013002	KJ 201903 适用范围：硬胶囊、软胶囊、丸剂、片剂、散剂及口服液等保健食品	保健食品	不得检出	原国家食品药品监督管理局药品检验补充检验方法和检验项目批准件 2012004、2009024、2013002
3	地西泮	1. 原国家食品药品监督管理局药品检验补充检验方法和检验项目批准件 2009024 2. GB 29697	KJ 202105 适用范围：鱼、虾	保健食品	不得检出	原国家食品药品监督管理局药品检验补充检验方法和检验项目批准件 2009024
4	酚酞	原国家食品药品监督管理局药品检验补充检验方法和检验项目批准件 2006004、2012005	—	保健食品	不得检出	原国家食品药品监督管理局药品检验补充检验方法和检验项目批准件 2006004、2012005
5	格列本脲	原国家食品药品监督管理局药品检验补充检验方法和检验项目批准件 2009029、2011008、2013001	KJ 201902 适用范围：声称具有辅助降血糖功能的保健食品	保健食品	不得检出	原国家食品药品监督管理局药品检验补充检验方法和检验项目批准件 2009029、2011008、2013001

序号	项目名称	实验室检测方法	快速检测方法	限量		限量值依据
6	甲醛	1.GB/T 5009.49 2.SC/T 3025 3.NY/T 1283 4.NY/T 3292 5.NY 82.10	KJ 201904适用范围：银鱼、鱿鱼、牛肚、竹笋等水发产品及其浸泡液中甲醛	啤酒	≤2.0 mg/L	GB 2758—2012
7	甲醛次硫酸氢钠	1. GB/T 21126 2. 原卫生部《关于印发面粉、油脂中过氧化苯甲酰测定等检验方法的通知》（卫法监发〔2001〕159号）	JB/T 12019—2014 多参数食品现场快速检测仪通用技术条件；JB/T 12020—2014多参数食品现场快速检测仪试剂盒（包）质量检验总则	小麦粉、大米粉	不得检出	《食品中可能违法添加的非食用物质和易滥用的食品添加剂品种名单（第一批）》（食品整治办〔2008〕3号）
8	可待因	1. BJS 201802 2. T/HZBX 027 3. T/CIMA 0012	KJ 201707适用范围：经调味料、火锅底料、麻辣烫底料或其他食用汤料等勾兑、调配或添加形成的液体食品；经调味酱、调味油脂、火锅底料、麻辣烫底料、蘸料或其他调味料等勾兑、调配或添加形成的半固体食品，酱油；经香辛香料、复合调味料等勾兑、调配或添加形成的固体食品，食用醋（含以食用醋为主的调味料）	餐饮食品-火锅调味料（底料、蘸料）（自制）	不得检出	《食品中可能违法添加的非食用物质和易滥用的食品添加剂品种名单（第五批）》（整顿办函〔2011〕1号）
9	罗丹明B	1.SN/T 2430 2.BJS 201905	KJ 201703适用范围：辣椒粉和辣椒酱	辣椒、花椒、辣椒粉、花椒粉 其他半固体调味料	不得检出 不得检出	《食品中可能违法添加的非食用物质和易滥用的食品添加剂品种名单（第一批）》（食品整治办〔2008〕3号）
10	氯硝西泮	1. 原国家食品药品监督管理局药品检验补充检验方法和检验项目批准件2009024 2. GB 29697	KJ 202105 适用范围：鱼、虾	保健食品	不得检出	原国家食品药品监督管理局药品检验补充检验方法和检验项目批准件2009024
11	马来酸罗格列酮	原国家食品药品监督管理局药品检验补充检验方法和检验项目批准件2009029、2011008、2013001	KJ 201902 适用范围：声称具有辅助降血糖功能的保健食品	保健食品	不得检出	原国家食品药品监督管理局药品检验补充检验方法和检验项目批准件2009029、2011008、2013001

序号	项目名称	实验室检测方法	快速检测方法	限量		限量值依据
12	吗啡	1. BJS 201802 2. T/HZBX 027 3. T/CIMA 0012	KJ 201707适用范围：经调味料、火锅底料、麻辣烫底料或其他食用汤料等勾兑、调配或添加形成的液体食品；经调味酱、调味油脂、火锅底料、麻辣烫底料、蘸料或其他调味料等勾兑、调配或添加形成的半固体食品，酱油；经香辛香料、复合调味料等勾兑、调配或添加形成的固体食品，食用醋（含以食用醋为主的调味料）	餐饮食品-火锅调味料（底料、蘸料）（自制）	不得检出	《食品中可能违法添加的非食用物质和易滥用的食品添加剂品种名单（第五批）》（整顿办函〔2011〕1号）
13	麻黄碱	1. 药品检验补充检验方法和检验项目批准件编2006004 2. BJS 201701	—	保健食品	不得检出	药品检验补充检验方法和检验项目批准件编号2006004
14	硼酸盐	DB22/T 1810	KJ 201909 适用范围：粮食制品、淀粉及淀粉制品、糕点、豆制品、速冻食品（速冻面米食品、肉丸、蔬菜丸）	—	不得检出	《食品中可能违法添加的非食用物质和易滥用的食品添加剂品种名单（第一批）》（食品整治办〔2008〕3号）
15	三聚氰胺	1. GB/T 22388 2. DB21/T 1687 3. DB34/T 1374 4. DB34/T 1375 5. DB34/T 863	1. KJ 201907 适用范围：巴氏杀菌乳、灭菌乳、调制乳和发酵乳 2. KJ 201908 适用范围：生鲜乳、灭菌乳、巴氏杀菌乳、调制乳和发酵乳等液态乳制品 3. GB/T 22400—2008 适用范围：不含添加物的液态乳制品 4. SNT 2805—2011 适用范围：原料乳、纯牛奶、酸奶 5. DB34 T1374—2011 适用范围：生鲜乳	婴儿配方食品 其他食品	≤1 mg/kg ≤2.5 mg/kg	原卫生部、工业和信息化部、原农业部、原国家工商行政管理总局、原国家质量监督检验检疫总局公告2011年第10号

续表

序号	项目名称	实验室检测方法	快速检测方法	限量		限量值依据
16	司可巴比妥	原国家食品药品监督管理局药品检验补充检验方法和检验项目批准件2012004、2009024、2013002	KJ 201903 适用范围：硬胶囊、软胶囊、丸剂、片剂、散剂及口服液等保健食品	保健食品	不得检出	原国家食品药品监督管理局药品检验补充检验方法和检验项目批准件2012004、2009024、2013002
17	苏丹红 I	GB/T 19681	KJ 201801 适用范围：辣椒酱、辣椒油、辣椒粉等辣椒制品	辣椒、花椒、辣椒粉、花椒粉	不得检出	《食品中可能违法添加的非食用物质和易滥用的食品添加剂品种名单（第五批）》（整顿办函〔2011〕1号）
				其他固体调味料	不得检出	
18	三唑仑	1. 原国家食品药品监督管理局药品检验补充检验方法和检验项目批准件2009024 2. GB 29697	KJ 202105 适用范围：鱼、虾	保健食品	不得检出	原国家食品药品监督管理局药品检验补充检验方法和检验项目批准件2009024
19	他达拉非	原国家食品药品监督管理局药品检验补充检验方法和检验项目批准件2009030、BJS 201805	KJ 201901 适用范围：声称具有抗疲劳、调节免疫等功能的保健食品	保健食品	不得检出	原国家食品药品监督管理局药品检验补充检验方法和检验项目批准件2009030
20	西地那非	1. 原国家食品药品监督管理局药品检验补充检验方法和检验项目批准件2009030 2. BJS 201805 3. SN/T 4054	KJ 201901 适用范围：声称具有抗疲劳、调节免疫等功能的保健食品	保健食品	不得检出	原国家食品药品监督管理局药品检验补充检验方法和检验项目批准件2009030
21	西布曲明	1. 药品检验补充检验方法和检验项目批准件编号2006004 2. BJS 201701	—	保健食品	不得检出	药品检验补充检验方法和检验项目批准件编号2006004
22	硝西泮	1. 原原国家食品药品监督管理局药品检验补充检验方法和检验项目批准件2009024 2. GB 29697	KJ 202105 适用范围：鱼、虾	保健食品	不得检出	原国家食品药品监督管理局药品检验补充检验方法和检验项目批准件2009024
23	异戊巴比妥	原国家食品药品监督管理局药品检验补充检验方法和检验项目批准件2012004、2009024、2013002	KJ 201903 适用范围：硬胶囊、软胶囊、丸剂、片剂、散剂及口服液等保健食品	保健食品	不得检出	原国家食品药品监督管理局药品检验补充检验方法和检验项目批准件2012004、2009024、2013002

九、微生物类

微生物检测指标见表7-9。

表7-9　微生物检测指标

序号	项目名称	实验室检测方法	快检方法	限量值
1	菌落总数	1. GB 4789.2 2. GB/T 12661 3. SN/T 0168	T/CGCC 58 适用范围：各类食品	见食品安全国家标准各品种项下规定
2	大肠菌群	1. GB 4789.3 2. GB 4789.39 3. SN/T 0169 4. NY/T 555	1. HJ 755 适用范围：地表水、废水 2.WS/T 116 适用范围：各类食品、餐具、各种饮用水	见食品安全国家标准各品种项下规定
3	沙门菌	1. GB 4789.4 2. NY/T 550 3. SN/T 1059.7 4. SN/T 1059.6	1. GB/T 22429 适用范围：各类食品 2. DB64/T 1681 适用范围：食品 3. SN/T 1869 适用范围：食品 4. GB/T 28642 适用范围：饲料 5. SN/T 5439.1 适用范围：食品 6. SN/T 2415 适用范围：乳及乳制品	见食品安全国家标准各品种项下规定
4	金黄色葡萄球菌	1. GB 4789.10 2. SN/T 2416 3. SN/T 4546	1. SN/T 5228.3 适用范围：出口食品 2. T/CAIA SH008 适用范围：肉制品（熟肉制品、即食生肉制品），水产制品（熟制水产品、即食生制水产品、即食藻类制品），乳与乳制品（乳及液态乳制品、半固态乳制品、固态乳制品） 3. SN/T 1869 适用范围：食品 4. SN/T 5439.2 适用范围：食品	见食品安全国家标准各品种项下规定
5	志贺菌	1. GB 4789.5 2. SN/T 2565	1. T/SDAQI 043 适用范围：宠物饲料产品 2. SN/T 1869 适用范围：食品 3. DB22/T 1828 适用范围：农产品	见食品安全国家标准各品种项下规定
6	大肠埃希菌	1. GB 4789.38 2. GB 4789.6 3. SN/T 2797 4. SN/T 3152	1. GB/T 22429 适用范围：食品 2. SN/T 5225 适用范围：各种进出口食品及其原料 3. DB64/T 1683 适用范围：肉于肉制品 4. SN/T 5364.7 适用范围：食品 5. SN/T 5439.5 适用范围：食品	见食品安全国家标准各品种项下规定
7	李斯特菌	1. GB 4789.30 2. SN/T 2552.12 3. SN/T 0184.4 4. NY/T 1902 5. DBS 22/ 026	1. DB64/T 1683 适用范围：肉于肉制品 2. T/KJFX 001 适用范围：食品表面 3. GB/T 22429 适用范围：食品 4. SN/T 5364.6 适用范围：食品 5. SN/T 5439.7 适用范围：食品 6. SN/T 0184.4 适用范围：食品	见食品安全国家标准各品种项下规定
8	霉菌和酵母菌	1. GB 4789.15 2. SN/T 3934 3. SN/T 4675.28 4. DB 22/T 394.5	1. T/CIQA 29 适用范围：乳及乳制品 2.SN/T 5090.1 适用范围：出口食品及原料 3. SN/T 5090.2 适用范围：出口食品及原料	见食品安全国家标准各品种项下规定

参 考 文 献

柴景亮. 微生物快速检测方法纸片法与平板计数法的对比研究[J]. 食品安全导刊, 2019(18): 160-161.

陈露露, 方珂. 3M Petrifilm (TM) 沙门氏菌快速测试片法效果评价[J]. 食品工业, 2016, 37(3): 118-120.

陈冉越, 周庆, 王昱, 等. 6种肉类成分多重PCR鉴别方法的建立及应用[J]. 食品安全质量检测学报, 2019, 10(19): 6661-6666.

陈睿轩, 赵佳丽, 王朝杰. 食品质量检测技术现状与创新探究[J]. 中国食品, 2021(17): 132-133.

程楠, 董凯, 何景, 等. 食品中过氧化氢残留快速检测试纸的研制与应用[J]. 农业生物技术学报, 2013, 21(12): 1403-1412.

戴陈伟, 童琳, 武昌俊, 等. 实时荧光定量PCR技术快速检测志贺氏菌[J]. 食品安全质量检测学报, 2019, 10(23): 8037-8041.

杜美红, 孙永军, 汪雨, 等. 酶抑制-比色法在农药残留快速检测中的研究进展[J]. 食品科学, 2010, 31(17): 462-466.

杜清春. 布鲁氏菌实时荧光定量PCR快速检测技术的建立及初步应用[D]. 大理: 大理大学, 2019.

杜雅正, 刘洪梅, 安雪征, 等. 快速测试片与国标方法测试脱盐乳清粉中金黄色葡萄球菌的对比[J]. 食品工业科技, 2021, 42(24): 224-228.

段鹤阳, 潘俊帆. X射线荧光光谱法的应用和发展前景[J]. 化工管理, 2021, 5: 55-56.

范俊. 微生物检测快速检测产品的先行者——食安科技[J]. 食品安全导刊, 2018(28): 38-39.

高晓辉. 蔬菜上农药残留快速检测势在必行[J]. 农药科学与管理, 2000, 21(1): 16-20.

顾丰颖, 丁雅楠, 朱金锦, 等. 基于稻谷X射线荧光光谱测定快速识别糙米与精米中的隔含量[J]. 食品安全质量检测学报, 2021, 12(20): 8018-8025.

国家质量监督检验检疫总局. 出口果蔬中百草枯检测拉曼光谱法[S]. (SN/T 4698—2016). 北京: 中国标准出版社, 2016.

国家质量监督检验检疫总局. 出口液态乳中三聚氰胺快速测定拉曼光谱法[S]. (SN/T 2805—2011). 北京: 中国标准出版社, 2011.

国家质量监督检验检疫总局. 出口液态原料乳中三聚氰胺的测定极谱法[S]. (SN/T 3627—2013). 北京: 中国标准出版社, 2013.

何玲玲, 陈剑, 叶海云, 等. 台州地区市售蔬菜有机磷农药残留情况调查及安全性评价[J]. 上海农业科技, 2016(1): 32-33.

和文祥, 陈会明, 朱铭莪. 汞镉对游离和固定化脲酶活性的影响[J]. 土壤学报, 2003, 40(6): 945-950.

侯英, 吴雪琼, 王兴华. ATP生物发光原理及应用研究[J]. 中国医药导报, 2010, 7(12): 12-13, 18.

侯玉柱, 田雨, 柯润辉, 等. ATP生物发光法快速测定物体表面的菌落总数[J]. 食品与发酵工业, 2015, 41(2): 217-220.

姜露, 叶麟, 杨雪, 等. 不同前处理对植物酯酶抑制法检测蔬菜中有机磷及氨基甲酸酯类农药残留的影响

[J]. 食品与发酵工业, 2016, 42(1): 200-204.

金鹭, 陈传君, 林华, 等. 基于实时荧光PCR对肉制品中羊肉的精确定量[J]. 食品与发酵工业, 2020, 46(8): 246-253.

李菲菲. X射线荧光光谱法检测粮食中镉元素的应用探讨[J]. 粮食与饲料工业, 2020(2): 21-25.

李桂明, 宋敏训, 赵增成, 等. 细菌ATP荧光检测与常规计数相关性研究[J]. 山东农业科学, 2015, 47(2): 111-113, 118.

李利霞, 伍金娥, 常超, 等. ATP生物发光检测技术的建立及应用可行性分析[J]. 食品科技, 2012, 37(1): 275-278, 282.

李琴, 杨璐, 杨弘, 等. 试纸法快速测定食品中镉的含量[J]. 安徽农业科学, 2017, 45(21): 77-79.

李双, 韩殿鹏, 彭媛, 等. 食品安全快速检测技术研究进展[J]. 食品安全质量检测学报, 2019, 10(17): 5575-5581.

李顺, 纪淑娟, 李东华, 等. 酶抑制法快速检测蔬菜中有机磷农药残留的最佳条件研究[J]. 食品科技, 2007, 32(1): 171-173.

李婷婷, 张桂兰, 王之莹, 等. 羊肉掺假鉴别快速荧光定量PCR芯片制备及应用研究[J]. 生物技术进展, 2018, 8(6): 522-529.

李晔, 胡国庆, 陆烨, 等. ATP荧光检测技术在医院清洁消毒监测中的应用与发展[J]. 中国消毒学杂志, 2014, 31(11): 1205-1208.

刘品. 快速测试片在食品微生物检测中的应用分析[J]. 食品安全导刊, 2019(6): 107.

刘燕德, 刘涛, 孙旭东, 等. 拉曼光谱技术在食品质量安全检测中的应用[J]. 光谱学与光谱分析, 2010, 30(11): 3007-3012.

刘永嘉, 单非. 浅谈分子生物学在食品微生物检验中的应用和前景[J]. 食品安全导刊, 2018, 12(33): 73, 75.

陆荣荣, 毛炎, 黄瑶, 等. 快速测试片在食品微生物检测中的应用分析[J]. 食品安全导刊, 2021(15): 129.

陆贻通, 沈国清, 华银锋. 污染环境重金属酶抑制法快速检测技术研究进展[J]. 安全与环境学报, 2005, 5(2): 68-71.

栾乐华. 快速测试片在食品微生物检测中的应用[J]. 食品界, 2021(4): 102.

罗志浩, 宋砲, 王晶晶, 等. 单色聚焦X射线荧光光谱法测定粮食中镉、铅、砷[J]. 食品安全质量检测学报, 2021, 31(3): 1-5.

《农产品质量安全法释义》编写组. 中华人民共和国农产品质量安全法释义[M]. 北京: 中国法制出版社, 2006.

彭媛媛, 武煊, 陶晓奇. 实时荧光PCR技术定量检测肉类掺假的研究进展[J]. 食品与发酵工业, 2019, 45(15): 279-287.

清江, 蒋伟, 朱洪坤, 等. 基于纸基芯片酶比色技术的农药残留检测方法研究[J]. 职业卫生与应急救援, 2017, 35(1): 64-66.

邱朝坤, 刘晓宇, 任红敏, 等. 酶抑制法检测蔬菜中有机磷农药残留[J]. 食品与机械, 2010, 26(2): 40-42.

任斌, 田中群. 表面增强拉曼光谱的研究进展[J]. 现代仪器, 2004(5): 1-8.

桑园园, 柴丽娜, 魏朝俊, 等. 酶抑制法检测4种辛辣蔬菜农药残留假阳性消除的研究[J]. 中国农学通报, 2009, 25(11): 60-64.

史长生. 农药残留危害以及检测技术的分析[J]. 食品研究与开发, 2010, 31(9): 218-221.

宋宏新, 刘建兰, 徐丹, 等. 羊乳制品中牛乳成分的荧光定量 PCR 检测方法研究 [J]. 食品与发酵工业, 2018, 44(7): 283-287, 299.

宋玮, 钱群丽, 刘持典, 等. 市售有机磷类和氨 基甲酸酯类农药残留快速检测卡的质量研究 [J]. 江西师范大学学报 (自然科学版), 2018, 42(6): 565-570.

孙海燕, 陈伟国, 张芬, 等. 检测桑叶农药残留的酶抑制速测卡筛选与应用 [J]. 蚕桑通报, 2014 (3): 12-15.

孙晶. 论食品快速检测在餐饮食品监管中的重要性 [J]. 现代食品, 2018(23): 60-61.

孙璐, 迟德富, 宇佳, 等. 基于抑制葡萄糖氧化酶活性快速检测重金属离子的研究 [J]. 湖南师范大学自然科学学报, 2014, 37(4): 46-50.

孙卫国, 阎会平. 采用酶抑制法加强对蔬菜农药残留的检测 [J]. 山西农业, 2003(2): 32-33.

索原杰. 多重实时荧光 PCR 致病菌检测方法的构建及其在牛奶中的应用 [D]. 浙江: 浙江大学, 2018.

唐敏, 韩伟丹, 王丽君, 等. X 射线荧光光谱法快速比较黄精根茎及须根有害元素含量 [J]. 中南药学, 2021, 19(8): 1656-1660.

田莉. 快速检测技术在食品检测中应用 [J]. 农民致富之友, 2018, 62(15): 234.

田琼, 洪武兴, 卢韵宇, 等. 基于 X 射线荧光光谱技术的进口大豆产地鉴别 [J]. 中国口岸科学技术, 2021, 3(11): 48-57.

王凤军, 叶素丹, 包永华, 等. 多重实时荧光 PCR 快速检测转基因大豆及其加工产品 [J]. 中国粮油学报, 2018, 33(9): 135-141.

王洪健, 许银叶, 曾伟婷. 蛋白粉中转基因成分实时荧光定量 PCR 检测方法的建立 [J]. 食品与发酵科技, 2018, 54(1): 123-126.

王兰兰. 临床免疫学检验 [M]. 北京 : 人民卫生出版社, 2017.

王志琴, 薛正芬, 张晓红, 等. 掺甲醛牛乳快速检测试纸的研制 [J]. 动物医学进展, 2011, 32(7): 61-65.

肖良品, 刘显明, 刘启顺, 等. 用于亚硝酸盐快速检测的三维纸质微流控芯片的制作 [J]. 食品科学, 2013, 34(22): 341-344.

谢俊平, 陈威, 卢新, 等. 改良酶抑制法快速检测稻谷中有机磷农药残留处 [J]. 中国卫生检验杂志, 2014(23): 3387-3388, 3391.

谢俊平, 黄秋婷, 刘君, 等. 速测盒法快速检测果蔬中拟除虫菊酯类农药残留 [J]. 中国卫生检验杂志, 2016, 26(9): 1229-1231.

信春鹰. 中华人民共和国食品安全法解读 [M]. 北京: 中国法制出版社, 2015.

邢玮玮, 陈燕敏. 酶联免疫吸附分析法测定食品中有机磷农药残留 [J]. 科技通报, 2018, 34(8): 50-53

许金榜. VRBA 和 3M Petrifilm (TM) 快速测试片定量检测大肠菌群的性能比较研究 [J]. 质量技术监督研究, 2021(1): 17-22.

薛福林, 蔚志毅. XRF 与 ICP-MS 测定三种稀土元素分析比较 [J]. 广州化工, 2021, 47(5): 97-98.

杨光宇. 食品微生物检测中快速检测纸片法的应用 [J]. 食品安全导刊, 2017(27): 31.

易滨, 刘军, 王芳, 等. ATP 生物荧光检测技术相关性基础研究 [J]. 中国感染控制杂志, 2012, 11(2): 81-85.

余花, 倪嘉倩. 快速检测技术在食品检验中的应用研究 [J]. 食品安全导刊, 2021, 15(9): 173-174.

于基成, 边辞, 赵娜, 等. 酶抑制法快速检测蔬菜中有机磷农药残留 [J]. 江苏农业科学, 2006, 5(1): 170-172.

俞继梅. 电化学分析法在食品安全中的应用 [J]. 江西化工, 2012(4): 116-118.

于寿娜, 廖敏一, 黄昌勇. 镉、汞复合污染对土壤脲酶和酸性磷酸酶活性的影响 [J], 应用生态学报, 2008,

19(8): 1481-1447.

张桂, 赵国群, 姜娟娟. 酶法检测食品中镉离子的研究 [J]. 食品研究与开发, 2011, 32(4): 127-129.

张洪歌, 崔冠峰, 杨瑞琴, 等. 常见食品安全快速检测方法研究进展 [J]. 刑事技术, 2019, 44(2): 149-154.

张婉君, 张兰. 3M Petrifilm (TM) 快速测试片用于饮料中菌落总数的测定 [J/OL]. 食品工业科技. 2022, 43(1): 311-319.

张威, 胡重怡, 吕小丽, 等. 食品安全快速检测产品评价 [J]. 食品安全导刊, 2018(28): 74-78.

职爱民, 余曼, 乔苗苗, 等. 免疫技术在动物源性食品快速检测中的研究进展 [J]. 肉类研究, 2019, 33(5): 60-66.

中华人民共和国农业部. NY/T 448—2001 蔬菜上有机磷和氨基甲酸酯类农药残毒快速检测方法 [S]. 北京: 中国标准出版社, 2001.

中华人民共和国卫生部. GB/T 5009. 199—2003 蔬菜中有机磷和氨基甲酸酯类农药残留量的快速检测 [S]. 北京: 中国标准出版社, 2003.

周芳, 赵鑫, 杨光. 分光光度法快速测定 6 种氨基甲酸酯类农药残留量 [J]. 理化检验 - 化学分册, 2013, 49(11): 1335-1338.

周衡刚, 王伟, 陈雯晶, 等. 粉末压片 - 能量色散 X 射线荧光光谱法测定鱼粉中隔、铬、砷、汞、铅 [J]. 饲料研究, 2021, 31: 123-126.

周思, 肖小华, 李攻科. 食品安全快速检测方法的研究进展 [J]. 色谱, 2011, 29(7): 580-586.

周陶鸿, 宋政, 胡家勇, 等. X 射线荧光光谱法快速检测食品中的二氧化钛 [J]. 食品安全质量检测学报, 2021, 12(1): 50-54.

诸葛健, 李华钟. 微生物学 [M]. 北京: 科学出版社, 2016.

朱雪梅. 新时期食品安全快速检测技术的发展和应用 [J]. 现代食品, 2019(3): 129-132.

APILUX A, ISARANKURA-NA-AYUDHYA C, TANTIMONGCOLWAT T, et al. Paper-based acetylcholinesterase inhibition assay combining a wet system for organophosphate and carbamate pesticides detection[J]. Experimental and Clinical Sciences, 2015, 14: 307-319.

ARDUINI F, CINTI S, SCOGNAMIGLIO V, et al. Nanomaterials in electrochemical biosensors for pesticide detection: advances and challenges in food analysis[J]. Microchimica Acta, 2016, 183(7): 2063-2083.

BAO J, HOU C, CHEN M, et al. Plant esterase-chitosan/gold nanoparticles-graphene nanosheet composite-based biosensor for the ultrasensitive detection of organophosphate pesticides[J]. Journal of agricultural and food chemistry, 2015, 63(47): 10319-10326.

FU Z, ROGELJ S, KIEFT T L. Rapid detection of *Escherichia coli* O157: H7 by immunomagnetic separation and real-time PCR[J]. Int J Food Microbiol. 2005, 99(1): 47-57.

HIGUCHI R, DOLLINGER G, WALSH P S, et al. Simultaneous amplification and detection of specific DNA sequences[J]. Biotechnology, 1992, 10(4): 413-417.

ISLAM M S, SAZAWA K, HATA N, et al. Determination of heavy metal toxicity by using a micro-droplet hydrodynamic voltammetry for microalgal bioassay based on alkaline phosphatase[J]. Chemosphere, 2017, 188: 337-344.

KORA A J, RASTOGI L. Peroxidase activity of biogenic platinum nanoparticles: A colorimetric probe towards selective detection of mercuric ions in water samples[J]. Sensors and Actuators B: Chemical, 2018, 254: 690-700.

LIANG N, DONG J, LUO L, et al. Detection of viable *Salmonella* in lettuce by propidium monoazide real-time PCR[J]. J Food Sci. 2011, 76(4): 234-237.

MALVANO F, ALBANESE D, PILLOTON R, et al. A new label-free impedimetric affinity sensor based on cholinesterases for detection of organophosphorous and carbamic pesticides in food samples: impedimetric versus amperometric detection[J]. Food and Bioprocess Technology, 2017, 10(10): 1834-1843.

MASDOR N A, SAID N A M. Partial purification of crude stem bromelain improves it sensitivity as a protease inhibitive assay for heavy metals[J]. Australian Journal of Basic and Applied Sciences, 2011, 5(10): 1295-1298.

MCELROY W D, DELUCA M A. Firefly and bacterial luminescence: basic science and applications[J]. J Appl Biochem, 1983, 5(3): 197-209.

MOYO M, OKONKWO J O, AGYEI N M. An amperometric biosensor based on horseradish peroxidase immobilized onto maize tassel-multi-walled carbon nanotubes modified glassy carbon electrode for determination of heavy metal ions in aqueous solution[J]. Enzyme and microbial technology, 2014, 56: 28-34.

OUJJI N B, BAKAS I, ISTAMBOULIÉ G, et al. A simple colorimetric Enzymatic-Assay, based on immobilization of acetylcholinesterase by adsorption, for sensitive detection of organophosphorus insecticides in olive oil[J]. Food Control, 2014, 46: 75-80.

SINGH B. Review on microbial carboxylesterase: general properties and role in organophosphate pesticides degradation[J]. Biochemistry and Molecular Biology, 2014, 2(1): 1-6.

TATSUMI T, SHIRAISHI J, KEIRA N, et al. Intracellular ATP is required for mitochondrial apoptotic pathways in isolated hypoxic rat cardiac myocytes[J]. Cardiovasc Res, 2003, 59(2): 428-440.

VAITILINGOM M, PIJNENBURG H, GENDRE F, et al. Real-time quantitative PCR detection of genetically modified maximizer maize and roundup ready soybean in some representative foods[J]. Journal of agricultural and food chemistry, 1999, 47(12): 5261-5266.

WALZ I, SCHWACK W. Multienzyme inhibition assay for residue analysis of insecticidal organophosphates and carbamates[J]. Journal of agricultural and food chemistry, 2007, 55(26): 10563-10571.

YANG X, DAI J, YANG L, et al. Oxidation pretreatment by calcium hypochlorite to improve the sensitivity of enzyme inhibition-based detection of organophosphorus pesticides[J]. Journal of the Science of Food and Agriculture, 2017, 98(7): 2624-2631.

YU J, GUAN H, CHI D. An amperometric glucose oxidase biosensor based on liposome microreactor-chitosan nanocomposite-modified electrode for determination of trace mercury [J]. Journal of Solid State Electrochemistry, 2017, 21(4): 1175-1183.

附录

附录1 名词解释

1. 食品快速检测：是指利用快速检测设备设施（包括快速检测室、快速检测车、快速检测箱、快速检测仪器等），按照国家规定的快速检测方法对食品（含食用农产品）进行某种（类）特定物质或指标的快速检测行为。

2. 食品快速检测产品：是指对食品快速检测方法的主要或关键组成进行商品化，用以在现场快速检测一种（类）或多种（类）目标成分是否存在或超标。

3. 食品快速检测机构：是指依据相关标准或者技术规范，利用环境设施、快速检测产品、检测方法等技术条件，对食品进行抽查检测的专业技术组织。

4. 食品快速检测产品评价：是指对声称采用市场监督管理总局制定发布食品快速检测方法的食品快速检测产品开展的符合性评价。

5. 食品快速检测结果验证：是将食品快速检测结果通过与实验室检验结果比对等方式，验证食品快速检测结果准确性的过程。

6. 快速检测质量控制：指用以满足食品快速检测质量需求所采取的操作技术和活动。

7. 基质：测试样品中除目标分析物之外的其他组分。

8. 测试目标物、分析物：存在于检测样品中，由方法指定的被检测的组分。（注：目标分析物可以是单一的组分，也可以是混合的组分。）

9. 快速检测质控样品：快速检测过程用作参照对象，具有与实际食品样品基质相符或相似的特性、足够均匀和稳定的物质。快速检测质控样品涉及的阴性、阳性样品等应进行实验室测定赋值，并出具均匀性和稳定性结果。

10. 基质加标样：在已知基质信息的样品中加入已知含量目标分析物后构成的样品。

11. 假阴性率：是指方法在实验条件下达到的实际最低检出水平时，阳性样品中检出阴性结果的最大概率（以百分比计）。

12. 假阳性率：是指方法在实验条件下达到的实际最低检出水平时，阴性样品中检出阳性结果的最大概率（以百分比计）。

13. 灵敏度：是指方法在实验条件下达到的实际最低检出水平时，检出阳性结果的阳性样品数占总阳性样品数的百分比，在快速检测评价中可描述为该百分比下方法的检出限。

14. 特异性：是指方法在实验条件下达到的实际最低检出水平时，检出阴性结果的阴性样品数占总阴性样品数的百分比，在快速检测评价中可描述为方法检出限下不存在干扰的百分比。

15. 参比方法：经过系统研究，清楚而严密地描述所需条件和程序，用于对物质一种或多种特征值进行测量的方法，该方法已经证明具有与预期用途相称的准确度及其他性能。

16. 快速检测盲样验证：是指使用已知详细信息的阳性样品和阴性样品，将待测样品发放给快速检测机构，检测人员不知道样品的来源、浓度水平等信息，要求其在指定时间内完成检测，将检测结果与指定值进行比较，验证检测结果与指定值的一致性。

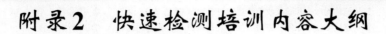

附录2 快速检测培训内容大纲

1. 目标

（1）掌握食品快速检测基本理论、基本知识。

（2）掌握食品快速检测操作技能，达到开展日常检测工作的需求。

2. 总学时：不少于24学时。

3. 培训大纲：见附表1。

附表1 快速检测培训内容大纲

课程设置	培训内容	课程要求	教学方式	占总学时比例/%
法律法规及相关制度规范	1.《中华人民共和国食品安全法》 2.《食品安全法实施条例》 3.《农产品质量安全法》 4.《市场监管总局关于规范使用食品快速检测的意见》 5.《食品快速检测操作规范》 6.《食品快速检测培训指导手册》 7.《食品快速检测结果验证程序》 8.《食品快速检测产品评价程序》 9.《食品快速检测项目目录》 10.《关于食品快速检测结果信息公布的规范和要求》 11. 其他政策规范等	熟悉常用法律法规的一般要求	集中讲授、自学、网络教学	15
快速检测方法	1. 国家市场监督管理总局食品安全抽检监测司 食品快速检测方法数据库 https://www.samr.gov.cn/spcjs/ksjcff/# 2. 全国标准信息公共服务平台 http://std.samr.gov.cn/	熟悉快速检测方法原理，掌握操作技术要点	集中讲授、自学、带教结合	20
食品安全标准	1.《食品安全国家标准　食品添加剂使用标准》（GB 2760） 2.《食品安全国家标准　食品中污染物限量》（GB 2762） 3.《食品安全国家标准　食品中农药最大残留限量》（GB 2763） 4.《食品安全国家标准　食品中真菌毒素限量》（GB 2761） 5.《食品安全国家标准　食品中兽药最大残留限量》（GB 31650） 6. 监管部门发布的个别化合物的临时限量值等限量标准	熟悉常用限量标准，正确理解和应用食品安全国家标准，对检测结果进行判定和解释	集中讲授、自学、网络教学	15

续表

课程设置	培训内容	课程要求	教学方式	占总学时比例/%
理论知识	1. 快速检测理论基础及政策法规 2. 快速检测技术原理和方法 3. 快速检测常见检测项目介绍 4. 检测样品管理，包括抽样、运输与贮存等 5. 快速检测产品（包括试剂和仪器设备）管理，涉及验收、保存及必要的校准、维护、保养等 6. 快速检测的基本操作、结果判读、实验记录及汇总上报 7. 快速检测质量控制 8. 实验室安全、个人防护、废弃物处理等	掌握基本理论知识，能够运用理论知识解决工作中常见问题	集中讲授、自学、网络教学、讨论	30
实验操作	1. 熟悉快速检测常用器具、辅助设备的种类、名称、用途及维护保养知识 2. 准确理解快速检测方法和产品操作说明书，掌握标准操作程序和仪器设备使用方法 3. 正确判读快速检测结果，并且能够对一些简单的异常结果进行原因分析 4. 可以正确记录检测过程和检测结果 5. 掌握快速检测质量控制方法，可通过阴性、阳性质控样品监测试验的有效性	掌握常见快速检测技术，能够在实际工作规范运用。理解快速检测质量控制的意义，熟悉质控技术的运用	集中讲授与带教结合培训、讨论	20

附录3 快速检测培训考核大纲

（1）快速检测培训完成后应进行结业考核，一般按照培训内容可设置笔试和操作。

（2）笔试考核可包括法律法规、理论知识、快速检测常识等，设置选择、填空、判断、问答等不同题型。

（3）操作考核的检验项目应覆盖不同原理的代表性快速检测方法，考核大纲可参照附表2。

附表2 快速检测操作考核大纲

操作考核类别	评分要素	标准分/分	得分/分
操作前准备	穿工作服，佩戴手套、口罩等	5	
	核对检品和快速检测产品的信息，查看样品和快速检测产品的状态能否符合检测要求	5	
	查看环境温湿度，确认温湿度在快速检测产品说明书要求的范围内	5	
操作过程	能正确理解快速检测方法或产品说明书的要求，完成称量、提取、移液、离心、过滤等实验操作	20	
	能正确判读检测结果	15	
	能规范进行质控试验操作，并应用质控结果判断实验有效性	15	
	实验记录清晰、规范	15	
注意事项	操作过程中能注意枪头、离心管、滴管等一次性用品的使用，未出现交叉污染	5	
	操作过程中能按要求控制反应时间、加热温度等检测条件，未擅自修改	5	
	检测完成后，及时处理废弃物，清理检测场地，保持检测环境干净有序	5	
总体评价	能熟练掌握操作技能，合理安排实验顺序，在规定时间内完成	5	

合计得分：

注：本表内容仅供参考，实际工作中可根据培训的内容和重点进行调整。

附录4 常用器具操作要点

1. 试验器具的规范使用

快速检测中常用的试验器具有烧杯、试管、滴管、离心管、容量瓶等，下面介绍几个关键器具的使用注意事项。

（1）量筒：量筒是常用度量液体体积的器具，有多种规格，可根据需要选用。读取量筒中液体体积的数值时，使视线与量筒液面的弯月面最低点保持水平。量筒不能用作反应容器，不能加热，也不能盛放热的液体。

（2）容量瓶：容量瓶是用来配制一定准确体积溶液的容器，也有多种规格可供选用。使用容量瓶前，先检查瓶塞是否漏水；配制溶液时，将待溶固体称出置于小烧杯中，加水或其他溶剂溶解，然后将溶液转入容量瓶中。转移溶液的操作方法为：右手拿玻璃棒，左手拿烧杯，烧杯嘴紧靠玻璃棒，玻璃棒则悬空伸入容量瓶口中，下端靠在瓶内壁上，溶液沿玻璃棒和内壁流入容量瓶中，溶液流完后，用洗瓶吹洗玻璃棒和烧杯内壁，冲洗液都转入容量瓶中，重复几次。然后加水或溶剂至容量瓶接近刻度处，用滴管滴加至弯月面下缘与标度刻线相切。最后摇动容量瓶，使瓶中溶液混合均匀，摇动时，右手手指抵住瓶底边缘（不可手心握住），左手按住瓶塞，把容量瓶倒转，反复几次即可；稀释溶液时，移取一定体积溶液于容量瓶中，加水或试剂至刻线，按上述方法混匀溶液。

注意：定容时手应拿在瓶颈刻度以上；容量瓶是量器而不是容器，不宜长期存放溶液；使用完毕应立即用水冲洗干净，如长期不用，磨口处应洗净擦干，并用纸片将磨口隔开；容量瓶不得在烘箱中烘烤，也不能在电炉等加热器上直接加热。

2. 电子天平的规范使用

称量是快速检测中最基本的操作之一，称量操作比较简单，但在使用过程中也有以下注意事项。

（1）电子天平使用环境要求：环境温度应恒定，以20℃左右为佳，湿度在45%～75%为佳；天平周围无影响天平性能的振动和气流存在；天平应远离热源和磁场；工作台要牢固、水平；工作室内应清洁干净，无腐蚀气体影响。

（2）称量操作：快速检测对称量的精度要求一般不高，但在使用前，确认快速检测产品说明书中对称量精度的相关要求，选择适宜精度的天平；一般使用天平称量时不会直接将样品放置在秤盘上，通常会选择一个容器来盛装样品，如称量纸、试管、烧杯、离心管等；快速检测常用的称量方式为增量法，即天平置零后，将称量容器（称量纸、试管、烧杯、离心管等）置于称量盘中，去皮（重新置零），将需要称量的样品或试剂加入称量容器中，读取称定质量。

（3）记录和清洁：称量完毕后应立即进行登记，样品如有遗撒应立即进行清理。

注意：天平应按期检定，在环境温度变化、天平安放位置变动、重新调节水平后都需要进行校准，另外，注意定期维护和保养。

3. 移液枪的规范使用

（1）调节量程：用拇指和示指旋转移液枪上部的旋钮，使数字窗口出现所需容量体积的数字，注意不能将旋钮旋出量程，否则会卡住内部机械装置损坏移液枪。

（2）装配枪头：将移液枪垂直插入枪头中，稍微用力左右微微转动即可使其紧密结合。严禁手拿移液器在吸头盒上撞击接取吸头。

（3）移液方法：可采取两种移液方法。一是正向吸液法：用拇指把按钮压至第一停点，垂直握加样器，把吸头浸入液面下3~5 mm处，然后缓慢平稳地松开按钮，吸入液体，停留1~2秒，沿器壁滑出容器，排液时吸头接触倾斜的器壁，先将按钮按到第一停点，停留1秒，再按压到第二停点，吹出吸头尖部的剩余溶液，松开按钮，按下吸头弹射器除去吸头，推入废物缸。二是反向吸液法：此法一般用于转移高黏度、易起泡或极微量液体，其原理是先吸入多于设置量程的液体，移液体时不用吹出残余的液体。先将按钮按至第二停点，将吸头尖端没入液面下，轻缓松开按钮回到原点，吸取液体。接着将按钮按至第一停点排出设置好量程的液体，继续保持按住按钮位于第一停点（不能再往下按），取下有残留液体的枪头，丢弃。

（4）移液枪的正确放置：使用完毕后，将移液器量程调至最大值，并竖直挂在移液枪架上，不要使其掉下来。注意，不要倒置吸取液体后的移液器，以免液体回流腔体，造成污染。

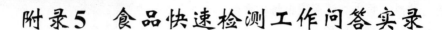

附录5 食品快速检测工作问答实录

1. 快速检测技术与实验室检测方法相比有哪些优势和局限性？

快速检测技术的优势：快速检测技术具有操作简单、快速高效、成本低廉等优点，其准确率也在可接受范围内。在食品安全监管工作中，将快速检测作为一种高通量初筛手段，对可疑食品进行粗筛和对现场食品安全状况做出初步评价，可提高监管工作靶向性，扩大食品安全控制范围；对可能存在问题的样品必要时送实验室进一步检测，可实现快速检测和实验室检测的有益互补。

快速检测技术的局限性：快速检测作为一种新型检测手段，在实际应用中，仍存在产品检验范围过窄、试剂质量参差不齐、受所处环境条件限制、缺少必要的质控手段等问题，一定程度上制约了快速检测技术的应用和行业发展，有待进一步完善。

2. 快速检测技术在食品安全监管领域中有哪些应用？

相对于常规实验室检测，快速检测技术降低了对操作环境和使用者的专业要求，扩展了其应用场景，已逐渐成为食品安全监管工作的重要技术手段。目前，快速检测常见的应用场景包括：

（1）监管部门对食用农产品、散装食品、餐饮食品、现场制售食品等进行的抽查检测。

（2）大范围、大批量的现场筛查。

（3）食品安全专项整治或突击检查。

（4）大型活动食品安全保障。

（5）食品安全应急事件处理。

（6）食品企业、农贸市场、大型超市、饭店食堂等场所日常使用。

3. 如何有针对性地选择快速检测试剂盒类产品和仪器类产品？

市场上快速检测产品种类繁多，不少检测项目既可以选择快速检测试剂盒，也可以选择快速检测仪器。试剂盒具有价格实惠、便携易运输等优点，在满足产品性能的前提下，如果无数据上传的需求，可选择试剂盒类产品。快速检测仪器相比普通试剂盒，检测项目多、检测精度高，检测数据可直接打印、保存、上传和分析统计，但价格相对昂贵，日常仪器维护要求相对较高。用户应结合实际需求合理选择。

4. 如何选购快速检测仪器？

对于快速检测产品的选购，首先应确认快速检测产品的评价结果是否满足要求，另外还应考察仪器与试剂的匹配度、操作简便性、配件耗材等因素。选购时，避免陷入盲目追求产品"高大上"，过分看重"全新""全能"的误区。

5. 如何正确保存快速检测试剂？

快速检测试剂基本都是由化学试剂配制而成，因此大部分需要在阴凉避光条件下保存。若试剂是生物类试剂或对温度敏感，则需要在冷藏条件下保存。正规的快速检测产品厂家会对试剂保存条件做具体说明，应按照说明规定进行管理、使用和记录。

6. 快速检测所用的试剂是否会对操作人员健康和安全造成危害？

快速检测方法多是基于化学原理的检测，会用到弱酸、弱碱、盐或有机溶剂，使用过程中如需要接触此类试剂，操作人员做好常规防护措施即可。

快速检测产品一般不使用致癌、剧毒、易燃易爆、强腐蚀性化学试剂，因此，只要使用得当，大多数快速检测用试剂不会给操作人员带来危害；若需使用，生产厂家会在说明书明确注明，并提供详细的使用注意事项和防护措施说明。

7. 什么是食物的"可食用部分"？

GB 2762—2017《食品安全国家标准 食品中污染物限量》规定，"可食用部分"是食品原料经过机械手段去除非食用部分后，所得到的用于食用的部分。非食用部分的去除是使用机械手段，如谷物碾磨、水果剥皮、坚果去壳、肉去骨、鱼去刺、贝去壳等，而不可采用任何非机械手段，如粗制植物油精炼过程等。

8. 如何有效开展快速检测质控试验？

快速检测质控试验是一种简洁、有效的质量控制手段。除按照快速检测方法的规定，每批样品测定同时进行质控试验外，以下情况也需加强质量控制：更换快速检测产品厂家；更换试剂批号；更换检测人员。另外，如果每批样品日检测量大于50份次，应考虑增加质控试验次数，建议至少做2次质控。

9. 如何正确认识并应用盲样考核改进快速检测工作？

盲样考核是一种常用的外部质控手段。快速检测机构应当积极参加盲样考核，在快速检测实验室初建或人员初上岗的阶段，尤其应予以重视，将其作为一种发现问题、积累经验、提升技术水平的手段。针对不满意结果采取有效措施进行改进，但不建议将考核结果作为对技术人员奖惩的依据。

10. 建立快速检测质量保证体系有哪些基本要素？

为保证快速检测结果科学、准确，快速检测也应像常规食品检测一样，加强内部管理，建立质量保证体系。

快速检测质量保证体系包括硬件和软件两部分，两者缺一不可。首先，必须具备相应的检测条件，包括必要的、符合要求的快速检测试验场地、快速检测产品、设备仪器、合格的检测人员等资源，然后通过与其相适应的工作程序，确定各项快速检测工作的过程，分配协调各项工作的职责和接口，指定工作程序及快速检测依据方法，使各项工作能有效、协调地进行，成为一个有机整体。其次，通过快速检测技术培训、盲样考核、技能比武等方式，不断完善和改进，以保证快速检测机构能出具准确、可靠的快速检测结果。快速检测质量保证体系参见附图1：

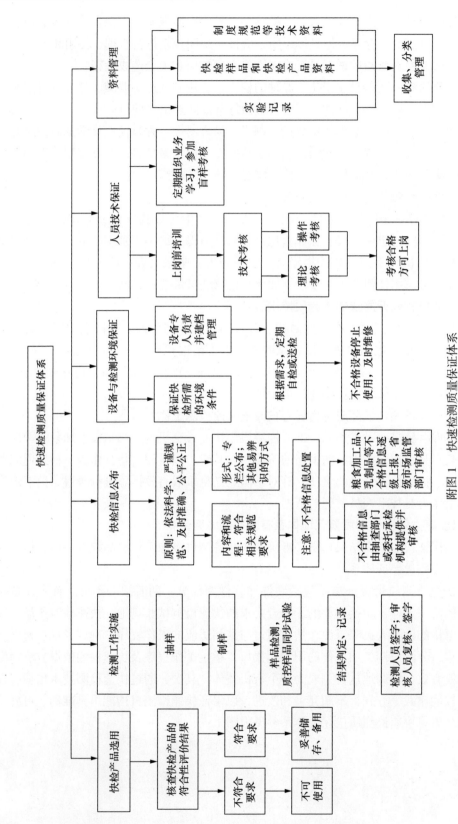

附图 1　快速检测质量保证体系

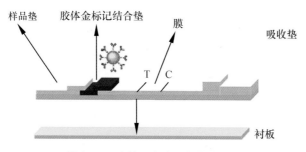

样品垫　胶体金标记结合垫　膜　吸收垫

T　C

衬板

彩图2-1　胶体金免疫层析技术原理

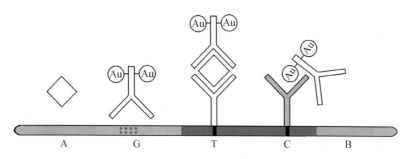

A　G　T　C　B

彩图2-2　胶体金免疫层析技术双抗体夹心法原理

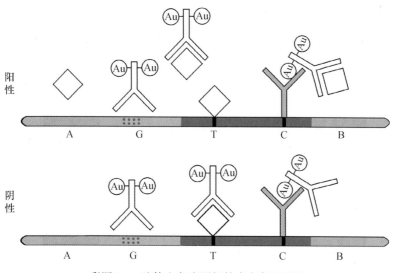

阳性

A　G　T　C　B

阴性

A　G　T　C　B

彩图2-3　胶体金免疫层析技术竞争法原理

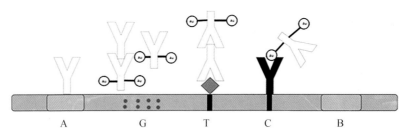

彩图2-4　胶体金免疫层析技术间接法原理

彩图2-5　双抗体夹心法测抗原示意图

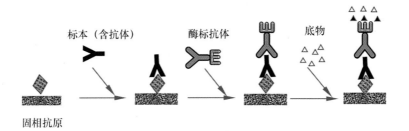

彩图2-6　间接法测抗体示意图

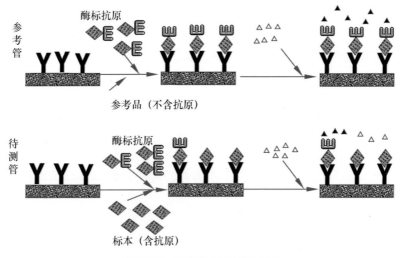

彩图2-7　竞争法测抗原示意图

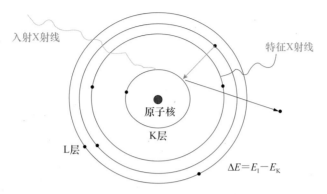

彩图2-10　X射线荧光产生原理

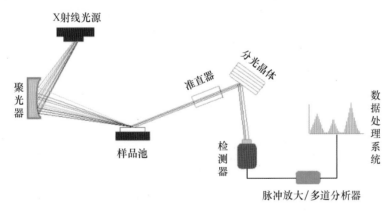

彩图2-11　波长色散型X射线荧光光谱仪工作原理

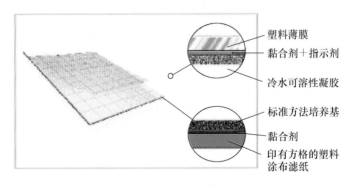

彩图2-12　3M™Petrifilm™测试片组成

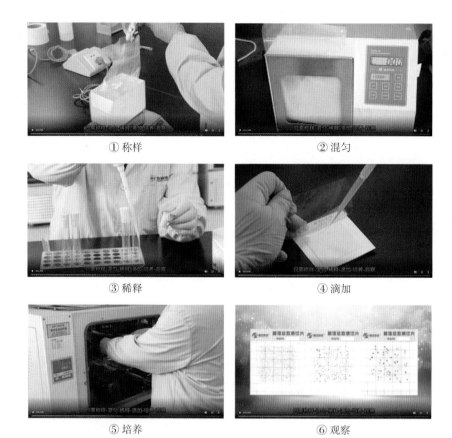

① 称样　② 混匀　③ 稀释　④ 滴加　⑤ 培养　⑥ 观察

彩图2-13　快速测试片检测操作过程

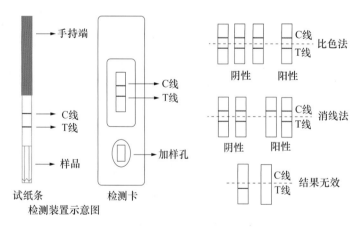

彩图3-2　胶体金试纸条目视判定示意图